U0359162

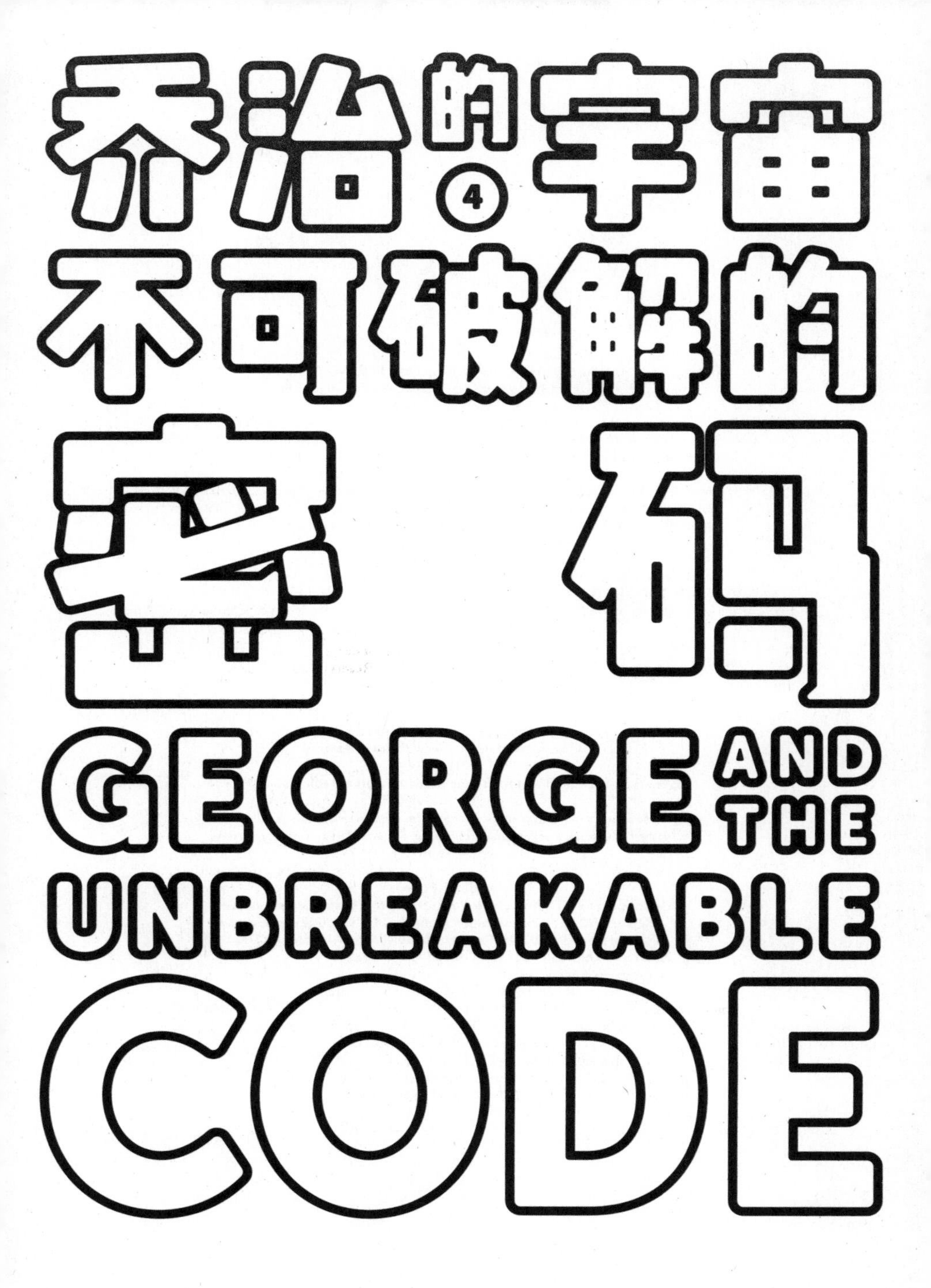

LUCY & STEPHEN HAWKING [英]露西·霍金 [英]史蒂芬·霍金 著 [英]加里·帕森斯 绘 杜欣欣 译

CTS K 湖南科学技术出版社
长沙

SIMON & SCHUSTER BOOKS FOR YOUNG READERS
An imprint of Simon & Schuster Children's Publishing Division
1230 Avenue of the Americas, New York, New York 10020
This book is a work of fiction. Any references to historical events, real people, or real places are used fictitiously. Other names, characters, places, and events are products of the author's imagination, and any resemblance to actual events or places or persons, living or dead, is entirely coincidental.

Originally published in Great Britain in 2014 by Random House Children's Publishers UK, a division of The Random House Group Ltd.
First US edition 2016

Also available in a Simon & Schuster Books for Young Readers hardcover edition
Interior design by Clair Lansley
Cover design by James Fraser
The text for this book was set in Stempel Garamond.
Manufactured in the United States of America
0718 MTN
First Simon & Schuster Books for Young Readers paperback edition November 2017
2 4 6 8 10 9 7 5 3
The Library of Congress has cataloged the hardcover edition as follows:
Names: Hawking, Lucy, author. | Hawking, Stephen, 1942– author. | Parsons, Garry, illustrator.
Title: George and the unbreakable code / Lucy & Stephen Hawking ; illustrated by Garry Parsons.
Description: First Edition. | New York : Simon & Schuster Books for Young Readers, [2016] | Series: George's secret key ; 4 | "Originally published in Great Britain in 2014 by Random House Children's Publishers UK, a division of The Random House Group Ltd." —Title page verso. | Summary: George and Annie must travel farther into space than ever before in order to prevent all computers from being hacked.
Identifiers: LCCN 2015038701| ISBN 9781481466271 (hardcover) | ISBN 9781481466295 (eBook)
Subjects: | CYAC: Space flight—Fiction. | Hackers—Fiction. | Computers—Fiction. | Science fiction.
Classification: LCC PZ7.H3134 Gcg 2016 | DDC [Fic]—dc23
LC record available at https://lccn.loc.gov/2015038701
ISBN 978-1-4814-6628-8 (pbk)

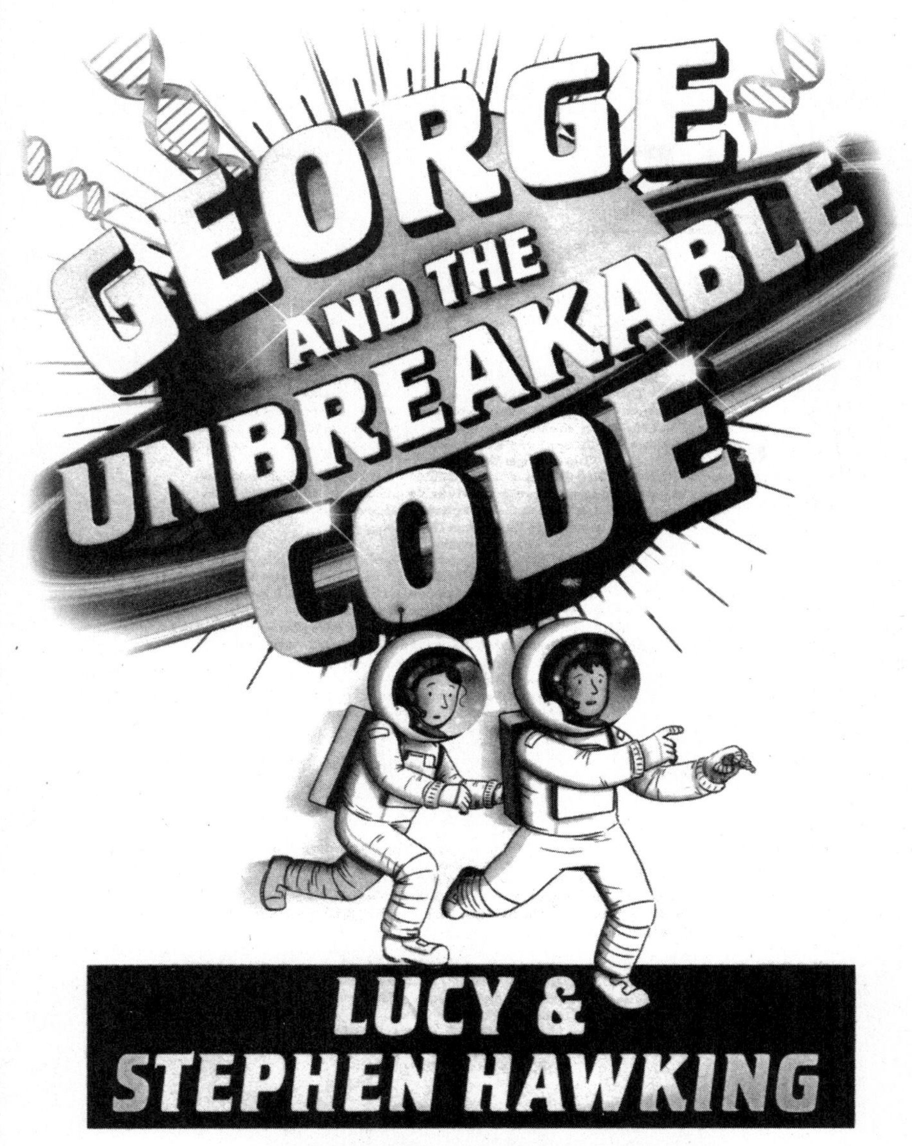

LUCY &
STEPHEN HAWKING

ILLUSTRATED BY GARRY PARSONS

Simon & Schuster Books for Young Readers
New York London Toronto Sydney New Delhi

To all those who have looked up at the night sky and wondered...

献给所有好奇地仰望星空的人

目 录

新的科学理论！

这是一些很棒的科学文章和知识。这些将有助于你读到更加生动活泼的故事。备受推崇的科学家们写了以下文章：

特别感谢剑桥大学高端计算服务的斯图尔特 · 兰金博士的补充材料。

第一章

在另一个星球上，树屋本可以是理想的观星场所。比如，在一个没有父母所在的星球上，那将是完美的。对于乔治这样的男生，要整夜观看星星，这座架设在菜园中央一棵大苹果树的树腰上的树屋，高度、地点和角度都正好。但乔治的爸妈有其他的想法：要做家务，要做作业，要在床上睡觉，要吃晚饭，与他的双胞胎小妹妹度过家庭时光，可惜这些没有一样是乔治感兴趣的。

乔治所想做的就是拍摄土星的照片，只拍一张他最喜欢的星球的小照片。那冻结的气体巨物，有着美丽的冰和尘埃光环。但一年中的此时，太阳落山太晚，土星将近半夜才会出现在夜空上，那时早已过了就寝时间。乔治的爸妈绝不可能让他在树屋里待到那个时候。

坐在树屋里，双腿垂在屋外，乔治叹着气，计算着还有多少天多少小时他才能长大获得自由……

当树屋的平台突然冒出一个戴棒球帽、穿迷彩短裤和连帽衫的轻盈身影时，他的思路被打断了：“什么事？”

他立刻高兴地喊起来：“呀喽，安妮？”

自从多年前安妮的爸妈搬到狐桥镇后，她就是乔治最好的朋

友。她就住在隔壁，但那并非是使他们成为伙伴的唯一理由。乔治就是喜欢她：安妮，这个科学家的女儿，聪明有趣勇敢。没有什么事超出她的能力，对她而言，从不逃避任何冒险，没有任何不能被检验的理论，也没有任何不能被挑战的假设。

“你在干什么？”安妮问。

“没干什么，只是等待。”乔治低声回答。

“等什么？”

“等待某事发生。”乔治听着有点悲伤。

“我也是，”安妮说，“你不认为宇宙已经把咱们忘了，我们不再被允许去太空探险了？”

乔治叹着气：“你认为我们再也不会在太空中飞行了吗？”

“现在不行，”安妮说，“恐怕，我们已经经历了所有的乐趣；现在我们已经十一岁了，我们必须一直严肃认真了。”

乔治站起来，微微感到脚下的木板有点儿晃动。他几乎能断定树屋是安全的，只有极小的可能垮掉，他们会摔到下面的硬地面去。这座树屋是他和他爸爸特伦斯用当地废旧材料建的。有一次，当他们忙于建造时，就在他和安妮坐的位置，他爸爸的一只脚插入一块朽木板。还好他没有完全掉下去，但乔治用尽全力才把他拽出来，同时，就在树屋下面，他的双胞胎妹妹，朱诺和赫拉笑着尖叫。

这个小事故的一个好处是，乔治父母对树屋的危险性有了很好的评估，从此他的妹妹们就不准从绳梯爬上来。这意味着树屋成了他的天下，不会被他家其他成员弄得乱七八糟，这让乔治很高兴。为了不让小孩上来和她们所爱的大哥哥在一起，爸妈严格规定绳梯必须拉上去。乔治非常小心，从不留下绳梯，这也就意味着……

“哎，”乔治意识到安妮似乎从天而降。“你怎么上来的？”

“我小时候被蜘蛛咬过，”她以戏剧性的语调说着，“我刚刚知道那件事给

了我魔力。”

乔治指着刚刚看到的套在最粗一个树枝头上打结的绳索，说：“那是你干的吧？”

安妮以平常的语调承认：“是啊，只是想看看能不能做到。”

乔治说：“我本应该为你把梯子放下去。”

“上次我请你放梯子，”她抱怨着，“你让我猜了千亿个密码，我还不得不给你半块奇巧巧克力。”

乔治提醒她：“那不是奇巧巧克力！只是一块‘巧克力’。”他边说边用手指在“巧克力”这个词上打着引号。“你试着在实验室条件下做一块出来，做完了包在奇巧的糖纸里，看我能否分辨出不同来。”

安妮抗议道：“如果一只老鼠可以在背上长出耳朵，那么为什么我就不能生产奇巧巧克力？只要不停加倍，肯定可以自己复制巧克力的分子。”

安妮是处于萌芽阶段的实验化学师，她经常用她妈妈苏珊的厨房做实验，搞得苏珊快要疯了。她妈妈到冰箱里拿一盒苹果汁，却看到盒子上生长着结晶蛋白。

“供你参考啊，”乔治说，“你的巧克力吃起来像恐龙的脚趾头——”

安妮打断了他，“不对，我自制的巧克力很好吃，我不知道你什么意思。还有，你什么时候嚼过恐龙的脚趾头？”

“是脚趾甲。”乔治把话说完，“很恶心。好像是有一兆年的化石。”

“我笑得不行了，”安妮嘲讽道，“好像你是美食家似的。”

“你甚至不知道美食的含义。”乔治回嘴道。

“我知道。”安妮说。

“那么，那是什么？”乔治相当肯定自己赢了这个回合。

安妮解释着：“就像五月那月，你吃了些美食，那使你成了美食。”她刚把话说完，就笑得倒在豆袋座上了。

“你这傻瓜。”乔治温厚地说。

“一个智商 152 的傻瓜。”安妮站起来。本周前，她刚做了智商测验。她可不想让任何人忘掉她的测试结果。突然，她看到乔治把所有的东西摆成一排。

“这是什么？”

乔治指着那仪器说：“我把东西都准备好。”那是他从他小妹妹手中抢救下来的，为了不被损坏，他带到树屋里。那是一架白色的 60 毫米电子望远镜，两端有个黑把手，一架相机，他试图把它和电子望远镜相连，这样他就能拍照。望远镜是他祖母梅布尔的礼物，但更棒的是相机来自回收的废旧物。“一旦天黑下来，我就可以拍摄土星。如果我那乏味的爸妈不是非让我回屋的话。这是我期待中的项目。”

“酷！”安妮眯眼看了看电子望远镜的反射式取景器。她

喊起来："唔，有什么东西粘在这儿了。"

"什么！"乔治喊叫着。

他更仔细地看看电子望远镜。果然，在反射式取景器周边有些粉色的黏黏的东西。

"够了！"他突然冒火了。他开始爬下绳梯。

"你要去哪儿？"安妮跟着他下来，"这不是什么大事，我们可以清干净！"

但乔治已经冲向前，跑回家了。他的脸气得发红。他冲进厨房，看到他爸爸正试图喂双胞胎妹妹朱诺和赫拉喝茶。

"为爸爸吃一口！"特伦斯对赫拉说着。赫拉张着嘴，接了一口绿绿的黏黏的食物，立刻就喷吐回去。赫拉尖声笑着，在她的儿童高座椅的盘子上疯狂地敲打着汤勺，食物如墨西哥豆般地四溅。朱诺学着她的双胞胎姐妹，也开始了，她敲着汤勺，嘴里发出湿湿的令人恶心的类似放屁的声音。

特伦斯转头看着乔治，脸上混合着又苦又甜的表情，他胡子上滴下的绿黏液掉落在家制衬衣上。乔治深吸了一口气，本打算开始愤怒声讨小孩搞砸了他的望远镜，但安妮及时插了进来。

"嗨，G 先生！"她快乐地对特伦斯说，"嗨，宝贝小丫头们。"

晚饭时间，新来的安妮分散了她们的注意力，两个小孩敲着汤勺，急切地发出咕咕似漱口的声音。

安妮叽叽喳喳地说："我来就是想问问乔治能不能去我家。"她把手伸到赫拉软软黏黏的下巴胳肢着她，小女孩无助地笑瘫了。

“我的电子望远镜怎么办？”乔治在她身后小声问。

“我们会解决的。”安妮低声肯定地说。

“有这一对小宝贝真幸运，”她对着双胞胎嘀咕着，“我真希望我也有这么可爱漂亮的小妹妹。我家只有我，只有一个孤独的孩子……”她做出夸张的悲伤表情。

“唉，嗯。”乔治却觉得没有什么比住在安妮家更好的了。她家安静，奇异，痴迷技术，有个学者父亲和越来越有职业头脑的母亲。她家没有小婴儿，没有噪声，没有有机蔬菜，除了安妮在厨房里做某个“有趣”的实验之外，也没有乱七八糟。

“嗯，你可以去，但记住按时回来做你的那份家务。”特伦斯说着，试图让人听起来是他说了算。

“太好了！”安妮热情地喊着，把乔治推出门。

乔治知道，一旦安妮处于专横的状态，他只能随着她。所以他就跟着，这并没有那么难：当安妮邀请他去她家时，他正好不愿意心情不好地在自家待着。

“再见，G 先生，小宝宝 G 们。”当他们跑出去，她甩下一句“过得快乐”。

“乔治，别忘了，你需要通过完成你每周的任务来填写奖赏图表。”当他的大孩子离开时特伦斯无力地喊着，“就是那个圆形图表，你还有五分之三没完成呢。”

可是乔治已经跟着安妮一阵风地跑了，向隔壁那个令人激动的领域跑去。在乔治眼里，那个家所有的东西都是技术的，前沿的，电子的，很棒的。

第二章

通过隔开两家院子篱笆上的洞，他们来到安妮家。那个洞是猪猪弗雷迪为了寻求自由在格林比家后院的大胆一搏，而弗雷迪又是乔治祖母梅布尔送的另一个礼物。那个下午，弗雷迪的蹄印带领乔治第一次见到安妮和她的家人——她爸爸，大科学家和超级研究员埃里克；她妈妈，音乐家苏珊和他们的超级计算机 Cosmos，那计算机极为聪明，功能非常强大。它可以画出宇宙之门，你想访问宇宙中任何已知的地方，经过那扇门，你都可以走到（前提是你穿着宇航服）。从那一天起，乔治曾骑乘一颗彗星漫游太阳系，曾走在火星表面上，还在一个遥远的太阳系里与一个邪恶的科学家对决。坦率地说，从那之后，他的生活完全不同了。

他们跑着，安妮说："嘿！你不应该那么刻薄地对待你妹妹。"

"什么？"乔治已不再想着他的妹妹了，"你在说什么？我没刻薄啊！"

"只是因为我阻止了你，"安妮指责道，"否则你会说出一些可怕的话来。"

"我很生气！"乔治愤怒地回答，"她们不应该碰我的东西，或者去树屋！"

“你很幸运有兄弟或姐妹，”安妮虔诚地说，“我什么都没有。”

“不，你有！”乔治爆发了，“你有那么多东西！你有 Cosmos 电脑，你已经有了自己的科学实验室，你有 Xbox，你有智能手机、笔记本电脑、iPod 和 iPad，每个 i 的玩意儿；你有机械狗；你有一辆电动摩托车……。我都没有，你却有好多。”

“那和真实生活中有兄弟姐妹不一样。”安妮静静地说。

“如果你真的有一个，”乔治怀疑地说，“或者两个，我敢打赌，你不会想要他们的。”

两个朋友急急忙忙地穿过家门进入厨房。

“呜——！”安妮从地板上向那个巨大的冰箱滑过去，她伸手抓住了冰箱把手。

即便是贝利斯家的冰箱，看起来也不像常规冰箱——它更像在实验室里看到的那种：巨大，全部钢制，它具有海绵状抽屉和用于分隔物品的单间。当然，那是一台专业的机器，远非常规冰箱，犹如飞船与纸飞机的区别。这是乔治喜欢安妮家的理由之一：这个家里充满了奇巧的小工具和古怪的科学用具。那都是埃里克在多年工作中置下或获得的。乔治羡慕地看着冰箱，

它闪烁着奇特的蓝光。他家最先进的东西可能都没有安妮家冰箱的处理能力。

正想着这个令人沮丧的事实时，乔治意识到客厅传来声音。

“安妮！乔治！”安妮的爸爸，埃里克把头挤进厨房门，他大笑着，一双眼睛在厚厚的眼镜后闪闪发光，他的领带松松地挂着，衬衫袖子卷了起来。他拿着两只水晶酒杯走进来。

“我来把它们斟满，”他解释着，拿起一个多尘的旧瓶子，很大声音地拔出软木塞，倒出一些黏稠的棕色液体，转身准备回客厅。

“你们来和我的客人打个招呼，”他喜笑颜开地说，“我想你们可能会对她感兴趣。”

乔治和安妮立刻就忘了简短的争论，跟随埃里克来到客厅。客

厅里从地板到天花板，都是一排又一排的书。这个美丽的房间充满了像埃里克的老黄铜望远镜那样有趣的东西。它是舒适和诱人的，而非冷冰冰的未来风格，统治这座房子其他部分的最前沿的技术在此也显得不那么霸道。

在那张从埃里克的学生时代就有的矮小沙发上，坐着一个很老的女士。

“安妮，乔治，”埃里克说，给老太太递上一杯雪利酒。“这是贝利尔·王尔德。”

贝利尔感谢地接过饮料，直截了当地啜了一口。她向他们欢快地挥了挥手，“你们好！”

“贝利尔是我们这个时代最伟大的数学家之一。”埃里克认真地说。

贝利尔大笑道：“哦！别荒唐了！”

“这是真的！”他坚持说，“如果没有贝利尔的数学天才，数百万人会死。”

“什么人？”乔治问。

安妮已经拿出智能手机，试图找到贝利尔·王尔德的维基百科条目。

“怎么拼写你的姓氏？”她问。

“你不会找到它，”贝利尔说，猜测到安妮试图做什么，她浅蓝的眼睛闪烁着。“我完全被官方的保密法封闭了。即使在这么多年之后，仍然如此，你不会在任何地方找到我。”

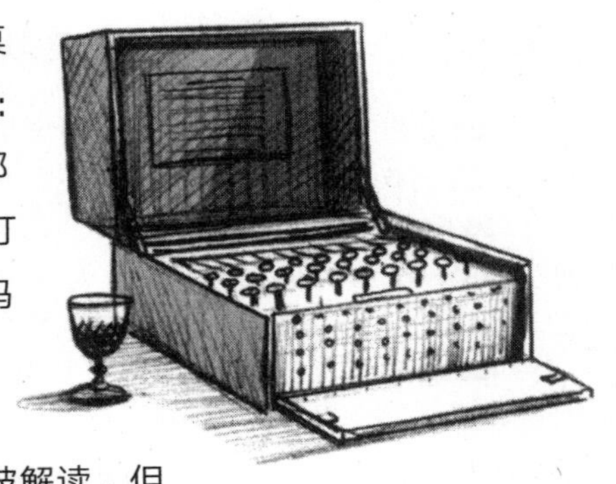

埃里克向沙发前的咖啡桌上的一个东西打着手势说："这，"他有声有色地指着，那个东西看起来像一台老式的打字机，"是一个恩尼格玛密码机——是第二次世界大战期间用来编码的机器之一，那意味着送出的信息不可能被解读。但贝利尔是揭破代码的数学家之一。这意味着战争会早些结束，而双方少一些人丧生。"

"我的天哪！"安妮说，她从手机上抬起头来。"所以你可以阅读秘密信息，而其他人却没有意识到你知道他们计划干什么？就好比现在，显然不是战时，假如有人读我的电子邮件？"她补充说，"当然我不是和任何人打仗。除了和卡拉·匹诺丝，当我在智能卡上拼写错误时，她就会捏鼻子做怪样，让大家笑我……。"

"正确，"贝利尔点点头，"我们可以拦截他们的消息，解密内容，所以我们知道他们打算做什么。这给了我们巨大的优势。"

"哇！"安妮说，"我向你道歉，贝利尔！"她停止敲击键盘，对贝利尔转回头。

"这真的是一台恩尼格玛密码机吗？"乔治渴求地望着。他不敢相信自己的眼睛，另一个惊人的小工具已经在贝利斯家里落脚。他百倍希望自己出生在这个家，而不是他自己的那个家。

"是的，"贝利尔对他微笑着说，"作为礼物，我把它送给埃里克。"

数字系统

十进制

我们日常的数字系统 ——十进制系统是以 10 为基础。我们从 1 数到 9，然后进位到新的一位 10 位。

36 = 3 x 10+6 x 1

48 = 4 x 10+8 x 1

148 = 1 x 100+ 4 x 10+8 x 1

等等。

二进制

早期的计算机系统，使用二进制编码系统。这是因为二进制是以 2 进位，所以使用的数字是 0 和 1。

10 = 1 x 2+ 0 x 1，十进制就是 2

11 = 1 x 2+ 1 x 1，十进制就是 3

111 = 1 x 4+1 x 2+1 x 1，十进制就是 7

0/1 选择可以连接计算机电路中的开关，使得 0 = 关闭，1 = 打开，用二进制编写的代码可以根据需要通过电路自动打开和关闭进行计算。

十六进制

现在，计算机要复杂得多，代码通常使用十六进制编号系统编写，以 16 进位。从 0 数到 9，然后也使用 A 作为 10，B 为 11，依次类推，直到 F 为 15。

因此，C 表示十进制中的 12

10 在十六进制中就是 16。

11 = 17

1F = 1 x 16+F x 1（即 15x1=15）= 31

20 = 2 x 16 = 32

F7 = F x 16（即 15 x 16 = 240)+7 x 1 = 247

100 = 256

代码破解

代码破解通常意味着无须获取消息发送人的秘密编码而破解所发讯息。这种概念的另一个名字是密码分析，某种特定的加密方法也被称为密码。

前电脑时代

在数字计算机时代之前，加密工作是在字母或代表字母的数字中进行。例如，讯息中出现的每个字母都可能为另一字母所替换。在一个简单的代码中，A 将由 E 替换，B 替换为 F，依次类推。或者字母表以某种方式被打乱。

为了解读密码，一个好的方法是计算每个字母在加密文本中出现的频率（这被称为频率分析），然后猜测其替换码。例如，很多字中有字母 e，如果字母 s 这样出现在密码中，就可能意味着 s = e。这可以足够正确地猜测剩余的字母替换，因为原始消息必须有意义。

更复杂的密码可以对信息的每个字母以不同方式打乱来排列，并且存在大量的搅乱选择：字母表有 26 个字母，26 个可能的字母被用于第一个字母，然后 25 个字母可能被用于第二个，24 个为第三个，等等。

现代密码破解

现代方法不采用字母，而是采用计算机内存中的位元（1 和 0）。加密和解密使用一个密钥，那是一个长序列的位元（1 和 0）。如今一组 256 位码加密被认为足以防止使用超级计算机强力（即通过尝试每个可能的密钥）搜寻来找到密钥。

埃里克大喘了一口气。他显然没有料到她会这么做。“你不能这样！”他大声说。“是的，我可以！”贝利尔坚持道，“这是给你大学数学系的。你正好是合适的人——你在用量子计算机工作，我不能想到给它一个更美好的家了。”

“什么是量子计算机？”乔治问。对他而言，这是一个新消息，也是令人兴奋的消息。他记得埃里克已经非常秘密地工作一段时间了——就他目前正在从事的工作，除了非常模糊的回答，乔治无法从这个伟大的科学家那里获得任何东西。

但是今晚，埃里克似乎比平时更多话。

利用德国的各种失误、高等数学、聪明才智的共同作用，代码破解者首先在波兰，后来在英国的布莱奇利公园设法发现了恩尼格玛加密机的设置，并能够解密德语讯息。该方法的关键部分在于一种特定的机器理论——称为图灵机的数学天才艾伦·图灵（Alan Turning）所设计的机器。在布莱奇利公园开发的另一台重要机器是巨人计算机，是第一个电子可编程的数字计算机，它破解的不是由恩尼格玛生成的代码，而是来自于另一种被称为 Lorenz 的德国密码机。

“这是下一波改变，”他告诉乔治，“我们已经在信息方面进行了数字革命，现在我们正处于量子革命的起始阶段。如果我们能做出一台量子计算机，并且控制它，尽管现在看起来很困难，那我们可以做当代计算机技术难以想象的事情。”

“像什么？”乔治说。

“用量子计算机，我们可以破解每个代码——地球上没有安全系统可以阻止它！”埃里克高兴地说，“在信息处理、医学、物理、工程和数学等领域，我们可以做令人惊奇的事情。这是伟大的下

恩尼格玛

战时秘密

在第二次世界大战（1939—1945 年）期间，交战国家如德国采用恩尼格玛，英国采用泰派克斯（Typex）加密重要信息。

恩尼格玛密码机的操作员在机器的键盘上输入消息，机器产生加密文本，显示灯亮表示每个加密的代码。人工记录加密的信息，然后转为莫尔斯电码，最后通过无线电发送。

三转子

恩尼格玛密码机有三个包含复杂的接线的转子——轮子。转子可以取出并以不同的顺序放回，然后旋转，使得三个转子中的每一个可以处于 26 个不同的位置中的任何一个。这意味着有六种可能的方法来设置每个字母的三个转子（3 x 2 x 1），然后接着每个字母有 26 x 26 x 26 个位置。为了使其更复杂，最多可以在机器前端插线板插入多达十条短路线，如此这般，将创建一套全新的 26 x 26 x 26 密码用于加密信息。接收端将会以完全相同的方式设置另一台恩尼格玛机器，并输入密码文本。原始文本可以通过记录哪些显示灯亮来恢复。这个想法是每个操作员每天都知道哪个转子插入哪里，在什么位置上，在接线板上怎么接线。

解密

恩尼格玛加密系统依赖于共享的秘密，在这种情况下，每天需要提供设置和使用机器的说明，问题是如何安全地与许多人分享这个秘密。任何一个人的错误都可以造成重要信息的流逝，打印出来的说明也可能被盗或被获取。

通用图灵机

一台想象的设备

1936 年，一台“计算机”是人类进行的计算。由天才数学家艾伦 · 图灵（Alan Turing）开发的图灵机是为了能够复制人类计算机在计算时可能需要做的一切简单的想象的设备。因此，该机器是一种数学模型而非现实世界的设备，它用于了解什么是计算，什么可以通过计算来实现。但实际上它不可能存在，例如，假设它们具有无限的“记忆”和无限的操作时间，但这两者都不可行。

字符串 0

操作机器，首先要定义出一系列有限的指令代码表。想象一下一条很长的磁带，上面写着一个非常长的字符串 0（其长度与磁带本身相当）。它从两个方向永远延伸（假设它是无限长）。磁带代表计算机的“记忆”。这字符串 0 中散落了许多的但数量有限的 1，1 代表给予机器的“数据”。磁带上设置的处理设备（处理器）只能读取当前正下方的一个符号，处理器可以保留原符号，或者用 0 或 1 替换这个符号。

该机器还有稳定的时钟，在每个时钟的嘀嗒时刻，处理器读取它当前看到的符号。然后，根据读到的和它的目前状态，处理器执行两件事之一。它可以：

a. 更换下面的符号，将其标记为 0 或 1，然后沿磁带左右移动一个位置，等待下一个时间刻度。

b. 或者做同样的事，不过接着停止（关机）。

它实际上做什么取决于我们给它的规则（“程序”）以及它在磁带上发现什么。举例，假设机器起始于 0 状态，磁带的长字符串 0，而在其右边的某些 0 被 1 代替，这些 1 组成的模式就是我们输入机器的二进制数。

那么一个好的开始规则是：如果处于状态 0，我们读取 0，那么切换到状态 0，写 0，然后向右移动。

这意味着当机器最初看到 0 时（当状态为 0 时），它保持在 0 状态，不会改变磁带上的 0，并向右移动一步。如果磁带右移一步仍显示为 0，则会发生相同的情况——机器保持状态 0，让磁带保持找到它时的样子，机器再向右走一步。

这发生于时钟的每个刻度中，直到机器最终达到写在磁带上的第一个 1。它现在需要一个规则，告诉它在状态 0 中读取 1 时该怎么做。最简单的规则是：保持状态 0，写入 1，然后右移并停止。1 现在将出现在机器的左侧，这是计算的结果。

我们可以将这个非常简单的计算描述为“如果输入有效，打印 1”，“有效”的意思是“至少包含一个 1”。如果从机器启动开始时向右一直没有 1，那就简单地继续向前，寻找 1——它永远不会停止，继续没有收获地工作着！这可能发生在真实的计算机上——程序可以无休止地“循环”或“旋转”，直到整个计算机崩溃。

不幸的是，这种可能性是图灵机和真实计算机的基本属性。但我们可以坚持有效地输入至少包含一个 1，直接防止该情况发生，因此那第一个规则就不会只被永久使用。

图灵还以数学方式证明，即使图灵机也不能解决每个问题！换句话说，数学中的一些问题是不可计算的——数学家还未被电脑所取代。

每一个可能的计算

给定足够的时间和在磁带上想写多少就写多少 1 的能力，任何我们能想到的以整数进行的机械运算都可以如下实现，从图灵机右面输入数字，启动时钟，并等待及其停止，然后读机器左边的答案。它包括人类用笔和纸可做的每个算术计算，艾伦·图灵提出他的图灵机可以计算的应该被视作什么是可以计算的定义。令人惊讶的是，他的理论近 80 年来，仍然被广泛认为是一个很好的定义，因为数字计算机的每一个已知的设计只能计算图灵机可以计算的。

一步。”

“但这与恩尼格玛机有什么关系？”乔治问道。

“恩尼格玛机，”贝利尔回答说，“是后来各种令人兴奋的技术的先驱。而且，当然啦，恩尼格玛机实际存在并工作，而量子计算机此刻还不存在。”

“是啊，哈哈哈！”埃里克说，“目前我的大部分工作都在量子误差检测——”

“你的父亲，”贝利尔插话道，“可能是地球上唯一可以操作量子计算机的人——如果它存在的话。”

埃里克显得很高兴。“当我们有一台量子计算机，量子误差检测基本上意味着确保它工作，我们可以在某种程度上控制它。现在看起来还不可能！恩尼格玛机就没那个问题。”

乔治好奇地问：“我们可以用恩尼格玛机吗？安妮和我能用它相互发送编码信息吗？”

“恩尼格玛机不能发消息。”贝利尔喝完了雪利酒，“它加密和解密，但你另外需要传输方式。事实上，用户将通过无线电用莫尔斯电码发送加密邮件。现在，我们拥有的技术可以做这两件事，加密信息，每秒数十亿条，并通过电缆或无线电波将其发送至全球，然后它们被其他计算机解密。每个电子邮件，每个网页的请求和每个计算机命令都是一个编码的讯息，甚至一些代码也该被每个人理解——否则互联网将是一锅酱菜了—— 如果你在线买一双袜子，你一定至少加密信用卡号码，以免盗窃者窃取你的钱。想想世界各地的电脑如何控制、如何运作——电力，运输，防御，仅列出这三项。他们都使用加密来防止灾难性的错误。如果你可以破解这样的加

密，那你可以向这个世界要赎金了。”

“不要告诉他们那种想法，”埃里克用模糊的声音说，“因为这两人已经设法挖到一些超级秘密政府的计划，并开始打扰他人了，我可不想为反引渡而战斗。”

“哦，那会很有趣！”贝利尔喊起来，“我真的希望他们行！”

乔治看着安妮。他认为，贝利尔必定有一些精彩的故事。

“嗯，你具有很好的影响力，不是吗？”埃里克对贝利尔说，但他看起来并不是不高兴。“在贝利尔先生把你们注册到秘密服务的初级部门之前，你们俩就继续捣乱吧。”

“哦，爸爸！”安妮抱怨着，她放下手机，兴趣来了。“我想加入秘密服务！那绝对是我一生的野心！我们不能待在这儿吗？”

“你别又说‘啊，爸爸，我——’了。”埃里克坚持道，“去吧，去做一些不会导致 MI5 按我家门铃的事儿。我可不是詹姆斯·邦德，我是物理学教授，我不想让你混淆这两件事情。”

“看，现在外面天黑了！”乔治说，他望着窗外，“我们回到树屋去拍土星吧！”“好主意，”埃里克同意，“即使拍摄遥远星球，你们两个人也不要遇到麻烦。”

贝利尔咯咯地笑道：“试一试吧。”她向安妮和乔治眨眨眼。“当你不时遇到困难时，生活会更加有趣。它使一切都变得很有趣。”

“走吧，孩子们！”埃里克命令道，他真的有点恼怒了。

什么是计算机代码？

秘密代码

纵观历史，当人类故意使用代码时，通常是因为他们试图对消息进行加密，将普通文本转换成对无法解码的人毫无意义的代码。这意味着他们可以向盟友发送秘密信息。

今天，任何在线购买——订购音乐，或者一本书，或送某人的礼物——需要做完全一样的事，以确保网络间谍无法使用互联网发现支付卡的详细信息，然后使用支付卡偷窃钱财。数字计算机意味着不仅可以向他人隐藏讯息的细节（如您的付款明细），还可以轻松检查消息是否被骗子篡改或发送。

这些方法是使用数位而非字母，并且依赖计算机可以快速使用的密码，但如果没有密钥，则非常难以破解。它无法阻止人们尝试，所以有可能最终发现破解密码的新方式，在这种情况下，必须发明新的密码。

计算机语言

对数学家而言，编码是通过遵循某些规则将一组符号转换为另一个符号的过程。

任何计算机的操作，指令和数据的编码都是基本的。它们在 1 和 0 上应该

什么是计算机代码？

如何准确表示，以便计算机处理器可以读取指令？做这些的规则定义了处理器的机器代码。

每套规则是一种算法，因此编码可以由加密机，或者由耐心的人用笔和纸进行，或者（可能要快得多）由数字计算机执行。

人类用可读的计算机语言（如 C 或 FORTRAN）编写程序，这两种语言都使用英文单词和字符，而不仅仅是用 1 和 0 编写，并且多年来已经开发了许多不同的编程语言，以便程序员可以与计算机“对话”，就程序代码而言，我们经常谈论的“计算机代码”就是这些不同的语言之一。

编译器是读取这些高级语言编写的程序的特殊程序，并将其转换为机器代码程序，然后可以直接馈送到处理器。机器代码通常以十六进制（16s）形式编写。

破解这种代码意味着找到一种方法来使程序失败或做出一些意想不到的事情 —— 这是互联网上的不怀好意的人经常使用的策略，试图通过恶作剧或就是出于犯罪的原因未经授权访问计算机（比如窃取你的信用卡的信息，他们可以偷你的钱！）。

什么是计算机代码？

算法

算法是一个密切相关的过程，其中有明确的规则告诉你如何在每个步骤将一个符号转换为另一个。例如，学习如何做乘法或除法，这些步骤就是算法。每个问题都以完全相同的方式解决；在每一步，你在纸上写下数字，根据需要写下新的数字，直到答案出现。

算法具有古老的历史，例如，公元前 300 年左右（尽管它可能更早），欧几里得写的一个算法用于寻找两个整数的最大共因子。

“算法”一词来自于 9 世纪波斯数学家 al-Khw rizm 的名字，他描述了执行算术的算法。他还（除其他外）开发了代数的方法。

在 20 世纪，数学家们试图确切定义一个算法在数学上是什么，但他们所有的早期设想都证明了那等同于“图灵机可以执行的”，还没有已知的计算机设计可以做得更多！

每个计算机程序都归结为在处理器的每个周期改变计算机存储器中的数位模式的算法。

第三章

安妮和乔治乖乖地离开了客厅，他们一到厨房就开始跑。

“最后一个到树屋是……”他们一起喊。

“坏香蕉！”安妮大叫。

“烂鸡蛋！”乔治喊，当他们飞奔进花园，两人都试图把对方推开，自己好先穿过篱笆上的洞。

他们同时来到那棵树下，安妮抓住梯子，而乔治打开了打结的绳索，那好像是攀爬一艘大船上的索具。他们同时抵达平台，都喊道:“我赢了！”树屋像在风雨中那样摇摆着，他们抓住对方，以防从树屋的边上掉进黑暗的花园。

“哇！”安妮说，平台慢慢地稳定了。

“糟糕！”乔治感到内疚，“离开时，我们忘了把梯子拉上来。”

“你的望远镜还行吧？”安妮问。

乔治希望如此！他从口袋里拿出一只小手电筒。望远镜仍然安全地在那儿，旁边是相机，等待着拍摄夜空那灿烂的时刻。乔治拿出一张手绢，仔细地擦拭目镜，直到再也没有那些黏糊糊的东西。

“这双胞胎怎么上来的？”安妮说，“她们爬绳梯吗？”

“她们哪儿都去，”乔治阴郁地说，“没有东西可以躲过她们。”

“哦，她们很可爱……”安妮微笑着说，“你真的爱她们。”

乔治没回答。他正忙于通过望远镜对准土星，这样他才能拍到那壮观的带环的星球。有一会儿，他用肉眼看着夜空中的星星，想着它们是多么奇异的景象啊。他完全被太空迷住了，被那里散布的天体，那地球大气边缘之外的太空，那广袤的宇宙，那超出想象的奇异，迷人的自然景象——行星，黑洞，中子星……这个词汇表可以继续下去。宇宙真是惊人！他心想：我想了解这一切。我想超越人类知识和理解的极限，直到我尽可能多地了解我们那个令人难以置信的宇宙之家——。

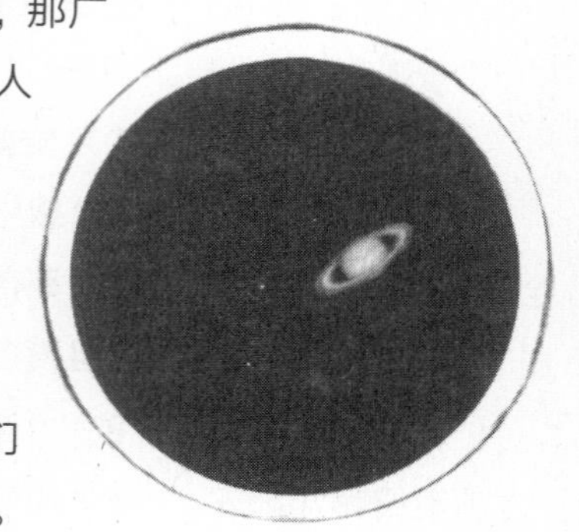

“你要拍照吗？”安妮的声音打断了他漫游的思绪。

“我要试试，”他回答，“我希望没有太多的光污染。”即使是小小的大学城狐桥镇，夜晚也有足够的光亮，地平线上的夜空为橙色，而非纯黑色。他按下相机快门，相机通过望远镜拍摄比人眼感光度更高，如此它才能记录数百万英里远的太阳系中的行星图像。

安妮抓过相机说：“让我看看你美丽的图片吧。”

她打开相机记忆看着最后一张图片。“哦！”她惊讶地说。

“什么？”乔治问，“没拍到吗？”

安妮说：“嗯，肯定拍到了，但是……”

乔治拿过相机，看了一下刚刚在狐桥上空拍摄的图片。

“那不是土星，”他说，“像是，嗯，我也不知道它像什么……”

安妮接过话说：“好像是一只飞船。但它又不像任何我以前见过的飞船。”她通过望远镜看着夜空，“我什么都看不到了。”

乔治接着通过望远镜看了一下，“我也看不到，不管它是什么，它已经不在那里了。”

“那真太怪了，”安妮说，“实话说，在照片上它看起来像个飘浮的甜圈圈，但你通过望远镜看，却什么都没有。除了星星之类的，但它们以前就在那里。”

“真的很奇怪，”乔治同意，他将相机的小屏幕上的图片放大。他刚好可以辨认那神秘物上的模糊的标记。“那上面标着‘IAM’。”

“IAM？”安妮说，“那意味着什么？美国国际任务？痴人安卓

导弹？难以置信的武器？”

“不知道，”乔治说，“我没听说过的。”作为一名忠实的太空粉丝，他自豪地知道目前在低地球轨道上的每一个太空任务。但那不是其中之一。“也许是一艘秘密的太空飞船？”

“或者是外星人？”安妮兴奋地说。

“可能是某种天气卫星，”乔治更切合实际地说，“对卫星而言，它有点大。我很了解！我觉得是一个不明飞行物。”

“但为什么一个 UFO 会在这里呢？”乔治想，“它要在狐桥得到什么？”

话刚出口，他就知道答案。即使在昏暗的灯光下，他也注意到安妮突然看起来很焦虑。他知道她最恐惧的是，她爸爸会遭遇什么可怕的事儿。埃里克是一位重要的科学家，曾为保密级别最高的项目工作，过去曾有些人不想让他的工作进行下去，还想知道他在做什么，埃里克曾是那些人的目标。

“我确定这与埃里克无关！”乔治试图安慰安妮，此时，他的胃感觉有些胀，真正令人兴奋的事情可能即将发生。“这可能是随机科学宇宙飞船在测量大气。它只是看起来像一个 UFO——我敢打赌真的很平常。”但即使他这样说，他有点希望自己是错的；那根本就不是普通的东西。

“是的。”安妮说。听起来，她并不完全相信，但看起来，她开朗了一些。她的一只鞋蹭着另一只。“你认为我爸爸现在安全吗？”

“是的，当然，”乔治坚定地说，即使他不确定。“他是全国最重要的科学家。肯定有人保护他。别担心你爸啦！我不认为期中假

期过半时，狐桥会发生什么，通常不过是那些无聊的父母，学校的作业之类。就是这样。”

“我希望你是对的。”安妮低声说，她扫视天空，在寻找那个不明飞行物回来的迹象。听起来她仍然不像平常似的自信满满。

“呼叫安妮！”乔治双手做喇叭状喊道。“你有巧克力——我的意思是那恐龙脚趾甲吗？我饿了。”

安妮高兴起来，“你真可笑。”但至少她笑了。

第四章

第二天又是一个晴朗的期中假日。早饭时，乔治询问父亲那两个小女孩在他的树屋里做了什么。他父亲看起来不那么诚实，但他最终承认，那对双胞胎纠缠他很长时间了，他才把她们俩带到树屋，让她们看看兄长乔治常待的地方。

“但你答应过我，她们永远不会到那里去！”乔治惊呼着，感到非常失望。

“她们不会！不再会！”特伦斯承诺着，“说实话，只是那一次。”

乔治又哼了一声。对自己，他们从不会有半点儿松动，而对妹妹就毫不犹豫地破坏规矩。不过，他又记起安妮说别太刻薄了，继而想起安妮提醒他那张 UFO 的照片，他想尽快地完成家务，就可以到树屋去见他的朋友安妮，看她是否昨晚回家后从埃里克那儿获得了秘密太空飞船的信息。因此他又快活起来，继续着他的家务——喂母鸡，捡鸡蛋，将蔬菜废物放到花园里堆肥，并帮着妈妈黛西揉面，那是为每天的面包准备的。直到午饭后，他才自由地来到花园爬上梯子，再次进入树屋。

一瞬间，他就听到一阵混乱的噪声，他一个人跳上了平台，树屋随之摇摆。乔治再次想到是否该检查一下绳索绑紧了没有。但当

那个穿长雨衣、戴老式毡帽和墨镜的幻影招呼他时，他很快就忘了担心绳索。

“天气预报说今晚天空很晴朗。”幻影神秘地低声说。

“嗯……是吗？”乔治问道，很快就意识到，自从恩尼格玛机时代，安妮现在已经再变身为间谍。她说话好像是第二次世界大战的间谍之一，那些人使用编码发送信息，即使通信被截获，敌人也不会知道其中的意思。

“穿过玻璃眼中的云彩会带来早雪。”幻影继续说下去。

“大奶酪独自站立。”乔治回答，试图加入进去。

“我们在午夜摘草莓。”安妮甩掉大衣和帽子，但仍然戴着墨镜。她清楚地知道墨镜让自己看起来很酷。

“等等，”乔治抬起一只手，手心向上。“讯息必须有意义，如果你知道如何解密——你不能只说任何过去的随机的东西，你知道！”

“天啊！你真的有字面上的意思啊！”安妮惊叫着，倒在豆袋上。“我提到我的智商多高了吗？”

“是的，就比如说，万亿次。”乔治回答。他希望自己也能被测试智商，但他问父母时，他们说不赞成教育测试。

“你爸爸怎么看那张照片？”他问，他希望能摆脱安妮那超级智慧的话题，说些更有趣的。昨晚她把相机带回家了。“贝利尔怎样，她还在吗？她透露出任何线索吗？”

“嗯，我让他们看了照片，”安妮说，“但他们没认出来，这可能

是某种外国的卫星。他们确实说它相当大，但他们不知道‘IAM’代表什么。”

“所以他们没有告诉你多少有用的东西？”乔治很失望。他渴望有一个很好的理由去进行另一次冒险——也许打开 Cosmos，埃里克的那台惊人的电脑，并利用他的门户去宇宙中的某个地方。那不是想做就能做的事儿，要必须能证明这项太空任务是正当的，而现在他还不能为自己应该踏上宇宙旅程而想出一个真正伟大的理由。唯一的原因是他想去做，但不知何故，乔治怀疑这还不够。

“没有啦，他们只是笑，”安妮说，“就像那样——倒上一杯酒，让我们为不明飞行物干杯！他们根本没有认真对待。”

“那么现在呢？”乔治感觉进了死胡同。

“嗯，”安妮说，“我试着在 Instagram 社交软件上发这张照片，看看有没有人能认出它，但是我只收到一堆让我们最好当心点儿的垃圾评论，说是大怪物正要来除掉我们。”

“好极了！大怪物！”乔治试图自我解嘲，“我的外星人！”他突然有个想法。“说正经的，把它发布在互联网上是个好主意吗？如果那是奇怪的幽灵秘密任务，不会因为你贴了他们飞船的照片而恼怒吗？”

“哎呀！”安妮看来担心了，“我没有想到，也就是推送了一下。”

“嗯，没事的。”乔治承认道，“我知道的事实是你没有任何追随者，所以没关系。”

“有一天我会有的，”安妮说，“有一天我会有数以百万计的追随者，如果没有数十亿的话……”她停下来，笑了起来。“一旦我的博客上线了，那么一切都会改变。”

“你的博客？”乔治惊讶地问。他不知道安妮的博客。

“那超级酷，”她热烈地说，“我必须为博客做些准备——那是学校的科学课题。其实那不会是一个博客。我想我会做一个图像的博客，把它放在 YouTube 上。”

“叫什么名字？”乔治问。

“嗯……我还不知道呢，”安妮说，“我还在确定名字。我们的老师说，它必须是‘什么东西的化学’，我们都必须选择一个东西。”

乔治提出：“巧克力化学，你能做得很好啊。”

“我原来就打算做巧克力化学，但后来卡拉·皮尼诺斯偷了我的想法！”安妮愤怒地说。“所以我必须做些特别酷的东西让她看看，即使她抄了我的想法，我仍然会想出一个更好的计划，证明我比她还聪明。”

“胶的化学？”乔治笑着建议。

“最好不是那个。”安妮叹了口气，“当我用非常棒的自制聚合物将他们粘在餐桌上时，妈妈和爸爸并不很高兴。我不认为用胶水能做更多的东西。”

“那你问你爸爸了吗？”乔治茫然地从望远镜里扫视天空和城市景观。

“我问了，”她说，“他很兴奋，他这样说：哦，我得过化学奖，你知道的！而我呢，就这样说的：我是认真的，爸爸！没人关心你的奖牌！你们那时有中学科学统考吗？当然没有，因为你上学时还处于黑暗时代，你还用羽毛笔和羊皮纸书写呢——”

“安妮！”乔治打断了她，“看！”

“什么？”她瞬间就从豆袋子上跳下来，试图从他的肩膀上看望

远镜。但她并不真正需要望远镜，没有它也能看见狐桥镇正在发生什么。

一大堆人正沿着蜿蜒街道涌向市中心，大部分人步行，但有些骑自行车或轻便摩托车。汽车已经开不动了，它们被人群包围，既不能向前，也无法向后。人们正在从各个方向前往主广场。

“打雷似的吵闹声啊！”乔治惊讶地说。他们的小镇通常沉睡而安静；一般情况，主要是游客和学生常去市中心。他从来没有见过这样的情况。“是男孩乐队吗？”安妮问，她激动地跳来跳去。“一定是！那肯定是不可窥乐队秘密访问这里！那是我一直最喜爱的乐队！一直在巡回演出中，他们在推特上说，请留意，因为没人知道下一次他们会出现在哪里……乔治，我们要走了！”

乔治怀疑地说：“我不知道多好玩儿。”望向小镇，他能看到任何试图逆人潮而动的人不是简单地被推着转弯儿，就是淹没在人群中。

“那会很棒！”她已经攀下绳梯。他不可能让她独自去，乔治也

就紧随其后，下了绳梯，再钻过篱笆上的洞，回到安妮的房子，再穿过前院。

她飞奔至他们家那条路的尽头，从那里走上通往狐桥镇中心的高街。

“要不要问问你妈妈？”乔治快速地跟在后面，叫道。在她还未消失在快速移动的人流之前，他在拐角处赶上她。

“她出去时，把我送到你家，我会给她发信息的。你认为他们会唱歌吗？”

她回头大声说着，他们沿着街道飞奔着。

“我不知道他们会不会。”乔治嘀咕着，相对于安妮喜欢的流行音乐，他更喜欢堕落男孩和艺术猴子等乐队。他试图抓住她的手腕，他不能让她消失在人群中，他紧紧地抓着，像给她戴上手铐似的。“你一定不能落下！”他向她大喊。“你会被踩踏的！”他们被人群紧紧地推挤着向城镇中心走去。

“我只是想看看他的头发！”安妮尖叫着对他说，“他美丽的头

发！”她的床上有一张不可窥乐队主唱的巨幅海报，乔治知道，当她认为没人看到时她把卷发甩到照片上。“他可能会发现我呢！”安妮叫道。

乔治哼了一声。在这个巨大的人流中，他们一边慢跑一边被推挤着，没人会注意到。乔治不太在意是否看到不可窥乐队，或听他们唱，但他不会让安妮消失在这疯狂的人流中。

当他们向前涌进市中心广场，广场四周围绕着建有塔楼、石像和石柱的古雅建筑，此前人们一直相当友好，似乎是每个人都在参加一次共同的冒险。但现在气氛突然变了，推挤变得激烈了。

“哇——它变得让人讨厌！”乔治警告道，仍然试图抓紧他的朋友，他对此感觉不好。但安妮仍然专注着看到她心爱的乐队，并未

注意到气氛的变化。

人声鼎沸，剧烈地推挤着向前，众人似乎都在试图汇聚到单独一点。就算没有上千人，至少也有几百人在狐桥镇中心，场面已经乱了。警察站在人群外，固执地吹着哨，下令保持秩序，但没有人服从。

“我将无法看到乐队了！”安妮惊讶地意识到，他们比大多数人都矮。

乔治跳起来试着从前面那些人头上看过去。“我不认为有乐队。”他说。那里没有舞台或任何音乐设置的迹象。

“但是……”安妮的声音被淹没了，此时空中正有一架直升机在低飞，低得使他们都能看到机身下的金属板。它的翅膀扇动着，好似一只被关在果酱瓶中的黄蜂，噪声震耳欲聋。安妮继续说着话，乔治看她的嘴在动，却听不见她说什么。

“我听不见！”他向她尖声喊叫。

直升机徘徊在市中心，现在，愤怒的人群已经困在高街上的老房子中。乔治抬起头，突然看到空气中飘满了长方形的纸片——蓝色、棕色、紫色和粉色。但那似乎也不是直升机撒的，而是从地面飞上去的，它们飞舞旋转在由转动叶片产生的气流里。

乔治立刻意识到那些纸是什么。

“那是钱！”他冲着安妮大声喊道。“钱！到处都是，人们到这里是为了……”

直升机的飞行员意识到情况只会变得更糟，它突然飞离，乔治仍然在高呼。

“钱！”他向静寂尖叫。

“钱！”乔治旁边的一个年轻人大喊一声，以为他开始诵唱。

其他人加入进来，整个人群都在大叫：“钱！金钱！”他们边喊边跳起来，试图抓住浮在空中的钞票。一些人抓到了，一些人没有，战争爆发了。一个男人抓住乔治的衬衣，威胁道：“给我你的钱！”

“我没有！”乔治惊呆了，伸出空手。那个男人马上放手，转过身去威胁下一个人，幸好那不是安妮。

“我们要离开这里。”乔治在安妮的耳边说。

她转过身，点点头，震惊得脸色发白。“怎么离开？”她用口型在说。

“跟我来！”乔治说。他开始在人群中穿梭。那并不容易，但他们还是从被挤压碾碎中走了出来，没遇到任何阻拦。

回到安妮的家，他们奔向冰箱，靠在放食物饮料这一边，而非

放埃里克和安妮实验的东西的那一边。

“哦！”安妮将冷冻果汁倒进喉咙，乔治咬了一大块燕麦饼。这一趟城里，那令人吃惊的情景仍使安妮颤抖。

“好吃，好吃！”乔治很快就恢复过来了。无论如何，他饿了。“燕麦饼是你做的吗？”

“不是。”安妮回答。

“大概那就是为什么这么好吃。”乔治说。安妮用毛巾撩了他一下。

“真疯了！”安妮停了一下说，“而且我们甚至没看到不可窥乐队！”

“我认为乐队不在那儿，”乔治回答，“我想那些人到镇中心去，是因为他们听说了钱的事。”

“哎呀！”安妮说，她正在手机上查推特信息。“你是对的！它说，狐桥镇的某些银行机器疯了，开始向外吐钱。它们为什么这么做呢？”

“奇怪，”乔治边嚼着边说，“也许是计算机错误？不是把钱放入银行，而是反过来，把钱又送出来。”

“我们应该拿一些钱，你知道。”安妮后悔地说。现在她已经平静下来了，能够客观地审视情况。“我可以买不可窥乐队在体育场演出的门票。”

但乔治还未回答，门铃就响了。安妮向前门走去。

“你父母不在家时，让你开门吗？”乔治跟着她问。

“我只是看看是谁，”然后她对门上送信口喊道：“谁呀？”

“送货！”一个快乐的声音回应，“是给贝利斯教授的！来自‘未来就在这里’基金会。”

“真令人兴奋！”安妮飞快地打开前门，“我签收！”

她草草地签了字，显然期待着送来的是一个小包裹。但令人惊讶的是，送货人走回那标着“未来就在这里”字样的鲜红色的货车，打开两扇后门，带出来一只狭长的矩形的箱子，大概有一个成年男子身高那么长。他设法穿过前门，把它放在走廊上。他微笑地向安妮致意，然后回到车里，车子没有排出什么烟雾就驶离了。

关上了前门，安妮和乔治困惑地盯着那个长包。

“我想是家庭实验室的设备吧，”安妮看起来很困惑，“我不知道

可能是什么。我们应该打开吗？”

“我不知道，”乔治说，他没法决定，“你怎么看？”

“嗯……　”正当安妮要做决定时，那箱子似乎为他们做出了决定。他们看到它开始摇摆起来。

“它正在动！”安妮喊了起来。

这个盒子似乎试图摆脱平放的位置。

乔治站在那里，吃惊地张大了嘴。“我听到里面有声音。”他慢慢地说。

果然，从那个盒子里——现在就如乔治所想的确实是一个人的高度和宽度——再一次响起敲打声音。

“让我出去！”一个微弱的声音发出。

“啊！”安妮尖叫着，“盒子里有人！”

“不，”乔治不敢相信，“不能通过邮寄寄送人！那个盒子里不许有人。”

“是有人！”安妮躲在他身后。

那里随即响起胶带裂开的声音，长盒子的纸板襟翼打开了。

两个朋友惊恐地看着，一条长腿伸出来，然后另一条伸出箱子。当一个人形从纸箱里出来时，安妮紧紧地闭上眼睛，但乔治看着，他既恐惧又无法抵御它的魔力。它穿着花呢西装，一头蓬乱的深褐色的头发，戴一副非常厚的眼镜。它的头垂下来，所以乔治不能真正看到它的其他特点。但即便如此，他意识到，也能猜出他的脸可能类似于……。

“安妮，”他说，“我想你最好先看看。”

“是吸血鬼吗？”她在他耳边低语道，眼睛仍然闭着。

乔治说：“比那更怪异。”

“比吸血鬼更怪异？怎么能比吸血鬼更怪异？”

“呃，你爸爸？他绝对比吸血鬼更怪异。当他从邮寄发送来的盒子里出来的时候就是这样。”

“我爸爸？”安妮说，“在盒子里？”

“作为一个机器人。”乔治补充道。

“我爸爸在盒子里当一个机器人？”即使智商超高，安妮似乎也在困惑中挣扎着。

这个人形抬起头来，似乎已经活了。正如乔治猜想的，虽然它的埃里克的脸比真正埃里克的更光鲜，但也看起来开始有点儿磨损了。它有一双明亮的红色的眼睛，真正的埃里克的眼睛是蓝色。但像它所

模仿的人类一样，新机器人埃里克戴着一副很厚的眼镜，它的眼睛被放大了，在高度数的透镜之后，它们显得巨大。

“嗯！”安妮现在睁开眼睛了，“它是什么？”

这个机器人决定自己回答。

“业余电视季刊一个零 XXX，”它用最高音量冲口而出，“垂线！垂线！”

乔治从未面对过一个栩栩如生的机器人，实际上他也未曾遇到过一个机器人，一个被塑造成真人那样的机器人。他一直盯着它——这是他见过的最有趣的事儿了。

“它说什么？”安妮低声说。

“我不知道，”乔治说，“这是你的机器人爸爸，不是我的呀。看！它向我们走来了。”

机器人开始呆笨地朝着孩子们走来，边走边自言自语。

它宣称：“在 M 理论发展时间之前，随机激发着语句。”

两个小朋友向后退去，想远离埃里克机器人，但它一直向他们走来。

“策划的多样性细胞表现出闪光望远镜的宇宙不幸。”它漫步，跟着乔治和安妮向走廊退去。

“我想它吞了科学词典。”安妮喃喃道。

“Sungrazers 调情大萧条的预言。”机器人继续喃喃。

“也许它有了你爸的词汇，”乔治说，“但不知如何使用它？”

虽然被新的东西迷住了，但他突然意识到不知道该如何控制它。在理论上，机器人在这阶段可以做任何事情。

“我们该做什么？”安妮小声说，“现在任何一刻，我们都会被这假爸爸机器人困在一个角落里！”

但当他们摆脱机器人，进入游戏室，快靠近电视机时，乔治不小心踏上了游戏控制器：电视机打开了，随后显示了他和安妮玩的最后一个游戏，安妮已赢了数以千计的积分。突然间，一场派对摇滚歌声劲爆而出。机器人的眼睛闪烁，而安妮和乔治惊奇地看着，它开始与电视上的人一起跳舞。

“它肯定是以某种方式自动连接到 Xbox！”安妮意识到。

“哇！”乔治说，“所以，如果你好奇你爸爸跳舞的样子，现在你知道了！”

“别这么说！我不忍看！”安妮谦卑起来，但至少这次只是出于尴尬而非恐惧。

但灾难立即就会来临。歌曲结束了，机器人四下环顾寻找好玩儿的。它的红色眼睛落在安妮的老泰迪熊身上，那个玩具舒服地坐在扶手椅上。由于某种原因，似乎是它的电路所能知道的，它飞快地抓起玩具熊，随着下一首歌开始了，它开始跳舞。但机器人的舞蹈逐渐失控，越来越无法控制，它不再与熊一起跳舞，似乎试图拆了那只已经打过补丁的老旧可怜的玩具熊。

安妮很快就看出儿时心爱的玩具处于危险之中。她已经年龄大到不再玩这可爱的玩具熊，但并不意味着对它毁于机器人骗子手中而袖手旁观。

“那是我的泰迪熊！”她向机器人冲过去，打了机器人一拳，它被打得跳起来，坐在扶手椅上，安妮那一拳让它放弃了泰迪熊。

乔治也跑过去，打算拉开安妮，此时身后传来熟悉的声音：“这里怎么了。”

我的机器人，你们的机器人

编写机器人与建造机器人一样有趣。我年轻时，曾经画过机器人，写过机器人，甚至用纸板箱和绳子构建过机器人。现在我做真正的机器人——但我并未忘记那时的很多乐趣。

作家、科学家和工程师一直通过想象力提出新的做事方式，在机器人方面，各种可能无穷尽，或者说差不多无穷尽。事实上，当你要构建一个真正的机器人时，你开始遇到各种各样的问题，但那总是有趣的问题，值得解决的问题。在这一章中，我将向您介绍机器人的历史、当今的用途以及将来可能的用途。

梦想构建一台像真实世界中某样东西的机器人可以回溯到很久以前的历史。其中最早的一个机械仆人创建于公元前 250 年左右的古希腊：这个聪明的装置可以自动从壶中倒一杯葡萄酒，并根据需要与水混合。它的发明者，拜占庭的费罗，也被称为费罗机械师，提出过许多惊人的机械理念，其中包括一只水力发声鸣叫的鸟，但他的仆人自动机最受欢迎。自动机是指看起来像生物的机械设备。

在 18 世纪，自动机变得非常受欢迎。发明家会利用当时新的发条技术，创造出像活玩偶一样漂亮的装置——那些娃娃能玩乐器，能变魔术，甚至画画和写作。它们在欧洲各地的宫廷里巡回展示，从展览中赚了很多钱，发条机器人时代来临了。在那个时代，它们令人们叫绝，但今天看起来，它们有些令人毛骨悚然地活着，但并不真活着，那娃娃脸，让它们行动起来的钥匙，微小的机械物体蹦跳着，颤抖着，吱吱作响。

我的机器人，你们的机器人

但它们建立了未来的景象：由瑞士钟表制造商亨利·梅勒岱设计的“绘画写作师”自动机。根据放置在自动机槽中的卡片，这些能够绘制图片和写诗的机器，还有今天所称的可编程机器人，会画不同的东西。实质上，今天的大多数机器人也是类似的：他们有一个身体，有决定如何移动的某种方式，有一系列要做的事情，有来完成这些事的动力装置。

然而，并非今日世界上所有的机器人都像人类一样。根据它们的工作，机器人可以有各种形状和形式。在现代汽车工厂，机器人拿起零件并将零件焊接在一起；甚至计算机本身，现在经常由工业机器人把不同的零件准确地放在适当的位置构建而成。做这些工作的机器人不会疲劳或无聊，它们用电力驱动而非发条，它们从事简单的重复性的工作，但它们持续做，不做其他的事。而且它们也不需要理解它们的世界。

在农场，也可以用机器人挤奶。因为奶牛并不总是在正确的时间处于正确的位置，所以农场机器人需要有更多的智能。它们必须能够识别并做决定。当奶牛徘徊时，机器人必须识别乳房的位置，并小心地将吸盘附着在牛的身上，轻轻挤出牛奶。因此它们需要看懂相机中的照片的能力，并且以最好的方法将吸盘手臂安全地、轻轻地移动到位。如果弄错了就会有麻烦！

对机器而言，这些显然很简单的观看和移动的任务实际上都很困难。你看周围的世界，你的大约一半的大脑（包括位于头部后面的视觉皮层）都在努力理解你所见到的，大脑中部的一大块——被称为运动皮质的部位——决定如何移动肌肉来做身体想要做的事。人类的大脑实际上一直在做数十亿次的计算，但对我们很简单的东西要变为清楚的指令——对于机器人在计算机上就是数

千行代码，而且我们还不能精确理解人类大脑是如何进行所有这些精彩的计算，所以让机器模拟它们很困难。幸运的是，就农场而言，我们有限的理解足以构建一个刚好有足够智力从事那些任务的机器人，并且让奶牛快乐。

机器人的构想可以出自任何地方。有科学家研究昆虫智力，例如，因为昆虫具有较少的神经细胞，它们的大脑没有人类的复杂，但昆虫仍然很聪明。它们必须能在困难的世界中生存，比如我们拍打苍蝇！以此为例，实际上，有机器人设备正在建造来用于汽车中，允许汽车自动转弯避免碰撞，这些想法来自对苍蝇大脑的研究。

但如果发生意外呢？谁将负责？汽车司机，汽车制造商，还是苍蝇？你怎么看？随着智能机器人开始与我们一起生活在世界上，可能会有很多类似问题。

接受机器人进入我们的世界是复杂的，我们对它们的感受也可能取决于你居住的世界。在西方，人们往往把机器人视为邪恶，怕它们出来接管世界；这种看法通常是因为机器人在电影和电视中的形象。然而，在远东地区，机器人通常作为英雄角色呈现在故事里。

也有科学家称之为“不可思议的山谷”的某种东西。如果看看机器人的接受程度，我们就发现，那些看起来像机器人的机器人通常比看起来像人类的机器人更容易被接受。这是由自动机时代出现的那些令人毛骨悚然的娃娃造成的问题：那些看起来不怎么对的东西，如果它们在我们周围，我们就不开心。

今天的电子和计算机技术能够模仿我们大脑神经元的工作方式，还有四肢

的运动，这些使我们能够构建更加逼真的机器人，但它们还远远不够完美。这些机器人——人性化的机器人——现在还有嗡嗡作响的电动马达，而非发条齿轮吱吱作响，它们有复杂的计算机程序，试图创造出与我们的大脑神经元一起工作的无数方式，但机器人不能毫不费力地走上楼梯，抓球，或可靠地辨别丝绸和砂纸之间的区别。它们一直试图识别面孔或表情，或者像我们这样能在嘈杂的房间里识别特定的嗓音；它们不能说话、反应或理解我们和我们的世界，不像我们自然地期望另一半那样。它们是“不太对”，所以我们很难接受。

但今天的机器人还有希望；我们的大脑还有另一招可用。在 20 世纪 40 年代由海德尔和西梅尔完成的经典实验中，对人们展示在屏幕上随机移动的形状，当被问及发生了什么时，许多人想象出方块爱上圆圈，或大的三角形追逐较小三角形等精心设计的故事。我们的大脑很聪明，是一台巨大的学习机器，我们学习的主要方式之一是创造故事，这使我们更好地记住和理解世界。当我们看到机器人时，我们的大脑倾向于填补当今技术无法建立的空白，所以我们自然地认为机器人具有个性，比实际上更聪明，机器人制造商经常给我们提供帮助，使这些故事看起来更加真实，帮助我们更好地接受和使用机器人。

例如，机器人的一个大问题是它们的动力问题。当电池耗光时，它们停止，机器人又不能总是通过电线接到电力。为了解决这个问题，机器人电源是故事的一部分。一个很好的例子是，科学家如何为老年人创建一个小海豹机器人，在需要“喂”的地方插入一个实际上是电池充电器的假奶头，所以充电是机器人故事的一部分。

在我的一个项目里，当恐龙机器人的电池耗尽时，它将“去睡觉”并将自身转移到您的手机上，它的虚拟镜像可以继续与您一起玩（当向实际的机器人

我的机器人，你们的机器人

充电时)，然后它会在手机上睡去，醒来并能记住在手机上做了什么。那么你能想到一个机器人的故事吗？

还有多久才会有机器人政客？机器人毕竟可以根据所有事实做出决定，它们不能腐败，它们能吗？我们什么时候才会有机器人驾驶飞机，驾驶火车和汽车，在课堂上教书，在家和办公室里帮助我们，进行手术，在战场上作战，决定射击？我们已经有了机器人的基本形式，但目前总是由人控制。应该永远这样吗？毕竟人们总是犯错误。机器人能做得更好吗？

纳米技术的新进展将使我们能够创建可以注入身体的微型机器人，来维修甚至更新我们自己，将我们的身体和心灵与外部技术联系起来，构建一种新的人类物种——变人:机器人与人类杂交种。这是噩梦还是改善残疾人的生活的，或者给人类带来新的激动人心的能力？谁知道呢？你也有可能构建这些未来的机器人。

我从阅读书籍开始就对机器人有了想法和梦想。当我七岁左右时，我用盒子和绳子做了一个名叫“比利”的机器人（我现在还保存着这个机器人)，然后我梦到了很多机器人。我现在大约五十岁，幸运地参与构建跳舞的，帮助孩子学习象棋的，协助老人家居住的，在办公室里与人一起工作的机器人。我的机器人都不想统治世界！

我与许多具有惊人创意的科学家和工程师一起工作，他们帮助我将童年机器人的梦想变成现实。纸板和绳子被数学、电子和电脑所取代，但那些机器人都是“比利”的骄傲后裔。

它们是我的机器人，我仍然乐此不疲。

你的机器人会是什么样呢？

彼得

第五章

“真爸爸！”安妮叫道。

“那么相对的就是……”埃里克问。

“假爸爸！”她惊讶地指着那个人形机器人说，现在它正在扶手椅上以疯狂的角度伸展开来，仍然抓住安妮的熊。它眼中的光芒已

经消失了，似乎是它自我关闭了。

“我的个人化机器人！”埃里克说，他的眼睛亮了，“它到了！”

“你的什么？”

“他是我的帮手或者称为 Ebot，如果你愿意的话。”埃里克告诉安妮，他走向机器人，它坐在那里一动不动。

“我很久以前就定购了它。它就是我以机器人存在的形式。它甚至有我所有的生物特征和尺寸，因此在某些情况下，区别我们相当不易。它什么时候到的？”

“它刚到！”乔治插话道，“我们从市中心广场上回来——”

“你们在那儿做什么？”埃里克停止检查他的机器人，目光锐利地四下看了看。“你们为什么到城里去？为什么不安全地待在家里？”

乔治承认：“我们从我家树屋上看到了骚动。因此就去看看发生了什么，没意识到会那样。”

安妮向乔治报以感激的微笑，因为他没说是她想看她最喜欢的男孩乐队。

埃里克的眼睛睁大了。“但那是狐桥镇历史上最危险的下午，”他说，“我不敢相信你们两个孩子就在那些人中！我离开办公室时，因为镇中心仍然被封锁，还不得不绕很远的路，那些人都在打斗，为银行出来的钱暴动。你们都没有受伤吗？”

乔治和安妮摇摇头。

“不只是狐桥镇！”安妮再次查看手机，“到处都有！世界各地！”

“我知道。”埃里克认真地说。

“看看这个。”他从 iPad 的信箱里向他们展示了人们暴动的视频

剪辑，背景里的埃菲尔铁塔清晰可见。蓝色、绿色和棕色的纸片在那些人头上飘动；狂暴的人群正跳起来，试图抓住那些纸片。“还有纽约…… ”他展示了另一个视频剪辑：在巨大的摩天大楼之间，黄色出租车在大街上怒气冲冲地按着喇叭，因为同样的场景也在那里出现，只是所有的纸片都是绿色。钱在微风中飘着，人们挤满了街道，疯狂地试图抓住它们。

埃里克点了一下屏幕，两个朋友又看到另一个位于白色的海滩和高大的绿色山脉之间的城市，最高的山上立着一个巨大的雕像伸出双臂。“里约热内卢，”他告诉他们，“南美洲。看…… ”这一次他们看到整个过程是如何开始。里约热内卢的一条普通街道上，他们看到一台银行机器，突然间开始吐钱，纸币涌了出来。在视频中，一个背双肩包的路人看到了倍感惊讶，纸币不断地涌出来。他仔细地看着，然后开始把纸币塞进口袋。但几秒内，越来越多的人出现了，他们相互推挤，以拿到现金。视频又转了，他们看到在人口密集的城市里，现金机以同样费解而奇怪的方式行事，它们吐出纸币…… 路人最初并未注意，当他们看明白发生了什么，几分钟后，一场抢战爆发了。

“世界各地都一样，”埃里克说，“这是北京。”他们看到飘动在紫禁城外的人民币；在罗马圣彼得广场落在地面的欧元；紫色的土耳其里拉在伊斯坦布尔的大巴扎上被数千只急切的手追逐着；在德里狭窄的街道上卢比像一群昆虫那样旋转着。

“钱无处不在，”他继续说，“计算机化的银行系统似乎已经出现了大规模的全球性的故障，乃至无处不在的 ATM 现金机开始发放现金。”

“哇，但那真的很棒！”安妮惊呼道，“我打赌那些人甚至没有足够的钱吃饭，给孩子买鞋。但银行却有无数的钱可用：当人们在挨饿，那些钱就放在金库里。现在他们与世界分享他们搜刮的钱了，这挺棒的。你们不觉得就是应该这样吗？”安妮向乔治和埃里克呼

吁道。

乔治想过这件事。他不像安妮那么富足，因为他的父母买不起。他成长中实际上没有诸如新衣服、电脑、滑雪旅行或去吃餐馆等，那些东西也是周围的孩子认为是理所当然的——尽管他也喜欢有人给他钱，并把钱花在任何他想要的东西上，但他不太同意安妮说的那是一件好事。那似乎是什么人激进地决定人们应该如何生活，而没有真正问他们想要什么。到底银行发的是谁的钱？它可能属于一群非常富有的人，但如果是老人或真正穷人的储蓄呢？那些人突然发现自己一无所有了，公平吗？

“我同意，”埃里克说，“财富应该在全球更好地分享。现在，我们有亿万富豪在零食上花的钱多于其他人一辈子能赚到的。但我不确定今天发生的事情是解决问题的办法。”

“但怎么可能发生这样的事呢？”乔治惊讶地问，“所有这些机器怎么会在同一时刻出错？”

“我不知道！我不认为有谁知道。但有一件事是肯定的——我要去找出原因。因为那似乎是计算机的问题，我是政府的‘信息技术之王’，看来我将会被招去解决问题。”他看着机器人，叹了一口气。“真可惜我没有时间让老 Ebot 在这里正常工作了。它的盒子在哪里？应该还有其他部件。”

安妮跳起来跑进走廊。他们听到她翻弄纸板箱的声音。然后她带回来一个光滑的黑色小袋子，递给了父亲。

“哦，太棒了！”埃里克拿出一副淡紫色的眼镜，镜片上有一个奇怪的附件。他戴上眼镜，动了动眉毛，这动作使椅子上的机器人开始活了过来。

“远程访问眼镜，”埃里克高兴地说，“我特别定了它！当戴上它时，我可以通过看 Ebot 的眼睛给出指令。”他又在袋子里搜索，找到一双手套。“触觉技术。”他喃喃地说。他戴上手套挥挥手，Ebot 以完全相同的方式挥了挥手。

就在此时，埃里克的手机响了。他伸手到口袋里，这使得 Ebot 也模仿他的动作，伸手到口袋里寻找假想的电话，并也拿出来放在耳朵上。埃里克对着电话说着：“什么，真的？嗯，不！我立刻过去。”Ebot 完美地模仿着他的一举一动。

埃里克挂了电话，对安妮和乔治说：“好吧，孩子们，你们来管 Ebot。眼镜在这里。”他把眼镜交给安妮，“手套在这儿。”他把手套交给乔治。“现在我必须赶快走了。”

他已经心不在焉了，每当他开始转动他那极大的大脑，开始思考新问题的时候就是那个样子。

“发生了什么事？”安妮戴上眼镜后跳起来。“哦，真的很奇怪，”她说。“我可以看到我自己，但就像 Ebot 看到我似的，我可以看到我自己！太奇怪了…… 就像在电视上看到自己一样。这太酷了！”

乔治很快就戴上手套，并让 Ebot 首先举起一只手，然后举起另一只手。有一台机器完全服从命令真棒！这比与人打交道好得多，人类行为随机又奇怪，往往最不能预测。

“他们要我去见总理。”埃里克边收拾东西，边告诉他们。

安妮尖叫道：“为什么？”

埃里克说：“她希望我能帮助她了解所有银行怎么会在同一时间放钱。”“她担心可能是网络攻击。我们必须看看金融体系发生了什么，并阻止它再次发生。”

“是网络恐怖分子吗？”乔治好奇地问，“像贝利尔昨晚说的，也许有人已经弄清如何读取秘密信息并使用那些信息？”

“可能是，”埃里克同意，“但这很奇怪。同一时刻，不同国家，所有不同的银行如何同时受到攻击呢？要做到这点将是一个巨大的工作，我想象不到任何人有这样的电脑能力去做。无论如何，我必须走了，总理不希望我通过电话、互联网与她沟通，必须亲自去。你们好好在家！”说着，他旋风似的出了前门，走了。

当他离开时，乔治、安妮和 Ebot 都挥手道别。房间里沉寂下来，但只有 1 秒钟。

“那么现在我们该干什么？”安妮问，“我们有机器人爸爸照看我们，所以我们应该被允许去看看狐桥镇发生了什么！”

“但他不是真正的成年人，对不对？”乔治怀疑地说，“如果我们在人群中把他丢了，你的爸爸不会很高兴。”

“爸爸永远不会知道！我们有远程眼镜，所以他不可能透过 Ebot 的眼睛看到我们去哪儿。”

“嗯……”乔治挠挠下巴，Ebot 也做同样的动作。

但就在这一刻，他们听到新的声音：肥胖的小脚在走廊上砰砰响起，还伴随着高声尖叫。几秒后，两个非常肮脏的小女孩冲入游戏室。看到她们的大哥，朱诺和赫拉欢呼雀跃，跑来给了他黏糊糊的拥抱和亲吻，他尽可能巧妙地躲避着，而 Ebot 在他身后像镜子般地做着同样的动作。

“呃。”他嘟哝着，擦去脸颊上的口水。

黑客

黑客是试图找到计算机的软件或设置的弱点以获得未经授权的访问的人。

“白帽”黑客一般持有计算机所有者的权限，作为其安全性的测试进行访问。

更常见的是，黑客是“黑帽”—— 一个只是恶作剧或有犯罪意图的人。如果你有一台计算机连接到互联网，就很可能遭到世界上的某个黑帽破坏！

僵尸军团

黑客可以使用或开发出软件来自动定位许多互联网网址。这种攻击甚至可能来自你那条街上的另一台电脑——在电脑用户完全不知情的情况下，这个电脑就已经被黑客控制了，并加入了所谓的“僵尸军团”！指挥这个缺乏免疫力的计算机大部队的黑客可能在另一个国家，很难被追踪。

恶意软件

电子邮件的附件，或 Facebook 社交媒体网站上发布的链接——可能是一个恶意软件——这恶意软件可在运行您的计算机时帮助该黑客。例如，它可以是一种计算机病毒，将自身插入文件并尝试传播到其他计算机上。早期的病毒可以做的事包括删除你正在看的照片，或用乱七八糟的东西替代文字。想象一下，由于病毒你失去了学校作业！

一个开始记录您的按键和动作并将其发送给黑客的程序，以便获取在线购买商品的密码和信用卡号码。

一个程序，直接连接到黑客，并使他或她遥控你的电脑（你的电脑加入僵尸军团！）。

为什么黑客要入侵电脑？

这是非法的，但黑客可能喜欢黑客行动，因为他们喜欢挑战或惊惧。

他们可能不同意某个机构的政策，并希望通过获取和发布私人数据或破坏网站使其感到尴尬，例如，可以让他们控制的所有的计算机登录到同一个网站使网站崩溃。这被称为“分散式拒绝服务”攻击。

也有许多严重的罪犯，他们只想要你的钱！这些人想哄骗你告知密码和秘密信息，以便他们可以用你的钱购买东西，或者只是从银行账户窃取钱。他们也可能假装在网上，在做某些违法行为时隐藏自己的身份。或者使用您的计算机在他们的僵尸军队攻击别人。

黑客怎样进行黑客行动？

1. 物理攻击：计算机本身可能被盗，必须防止小偷访问被盗计算机里的所有文件，即使您使用了强大的密码。硬盘上的一切都受到黑客的垂怜，他播放你的音乐，看你的照片，读你的博客，发电子邮件给你的朋友！

阻止黑客！如果您拥有一台笔记本电脑，因为它容易被盗，所以请特别当心保证硬盘里数据不丢失或被其他人读取，提前在家中保持备份。

2. 软件攻击：如果您的计算机连到互联网，软件可能存在的漏洞（或错误！），可能允许黑客通过网络进行远程访问。一些可能的错误是允许黑客在您的计算机上运行程序，甚至不必先哄骗您执行某些操作，如果黑客早已在编写该计算机软件的人员那里了解这些安全漏洞，就可以在修补之前就加以利用：这些攻击被称为“零日”攻击，因为他们普遍知道零日的脆弱性。

阻止黑客！软件公司提供的更新（补丁）修补程序可以修复漏洞。现在，您的电脑通常会让您知道是否有可用的修补程序，您应该安装这些修补程序，如果是家长或监护人的电脑，请他们也这样做，或帮助他们这样做，否则电脑数据包括您的任何私人信息，可能面临风险。另外，请确保连接到互联网的任何计算机的防火墙已打开——防火墙可以阻止互联网与你的计算机的非受邀连接。

3. 用户攻击：黑客可能会试图哄骗计算机用户为他们做某些事。例如，您可能收到一封电子邮件，要求您点击链接或打开附件，或者发送看似您最喜欢的网站的正版网页。但电子邮件完全不安全——事实上，任何人都可以发送声称来自某人的消息，并且能附上看似真实的链接。所以一个意想不到的消息可能来自黑客，附件很可能是一个讨厌的恶意软件。

阻止黑客！永远不要打开一个奇怪的附件——即使信息似乎是来自你认

识的人，而且看起来很有趣！你的朋友真的只发给你一个链接，而没有任何文字的信息吗？也要注意假网页，不要在任何网站上输入您的用户名和密码，除非您确信那是真网站。甚至不要点击蓝颜色的链接，因为链接本身可能包含恶意代码，之后您的浏览器就会执行它的指令。谨防！

不要让黑客容易得逞！密码真的很重要。弱密码（少于十个字符长，或包含明显的单词，如您的一部分名称，或不带标点符号）通常很容易被识破使用。所以永远选择一个好的密码，决不能只使用“密码”，例如，不要使用相同的密码！

安妮惊讶地看着，她想知道："她们是怎么进来的？"

"我告诉过你，她俩无处不在。"乔治说，他已经放弃抵抗了，跌坐在扶手椅上，两个妹妹热烈地拥抱他。Ebot 以非常尴尬的方式复制着他的动作：可怜的机器人没人拥抱，也没椅子坐，这使它看起来非常奇特。

安妮的妈妈从门口探头："嗨，各位，"她高兴地说，"我的天啊！那机器人在做什么？站立的样子多么好笑啊！"

"妈妈，别问了。"安妮说。苏珊不特别爱科学技术：埃里克还是研究生时，他们就结婚了，从那时起，她就觉得科技占据的生命比她能讨价还价的更多。

"乔治，你带妹妹们过来，真甜美，但你不觉得对小孩儿而言，有点太晚了吗？也许你应该带她们回家……而且安妮，你不需要继续做假期作业吗？"

乔治努力使自己看上去不要太失望。他一直非常期待学会操作 Ebot，和安妮聊聊关于狐桥镇发生的事。现在得感谢他的妹妹们，看来不可能有那样的机会了。他站起来，一手一个地夹着他的妹妹，她们胖胖的小腿疯狂地踢着，他身后，Ebot 精确地复制他的动作。

"老天！"苏珊说，她这才注意到了 Ebot，"那机器人看起来像你爸爸！"

"我们知道，"安妮叹了口气，"真的，妈妈，请不要让我来解释。"

"嗯，我总是最后一个知道，这总不是我的错吧，"她生气地说，"没人告诉我这房子里的任何事情！"

"来，乔治，"安妮说，"让我们把小家伙带回你家去。"

妈妈警告道："送去后，你立刻就回来。你需要开始做那个化学

课题。你知道为什么……”

安妮再次叹了口气。

乔治把他的妹妹放在地上，他和安妮各牵着一只小手，向他家走去。Ebot 跟随着，并且也牵着一个假想中的孩子。

当他们走过花园时，安妮很安静。独自回家做化学课题的情景让她脸色阴沉。

“至少你还有 Ebot 作伴，”乔治说，他试图让她高兴，“我宁愿有一个机器人也不想有妹妹。”

“但机器人只是一台机器啊，”安妮悲伤地说，“Ebot 不会长大，不会爱我们，对吧？”她边说边让朱诺穿过篱笆的洞，之后她也跳过去。

乔治说：“除非你能为它编那样的程序，看看你爸能否让 Ebot

有感情。从互联网上，你也可能下载‘机器人感情’。”

“但自己的姐妹之爱是不一样的。她们不是被设计来爱你的，只是自然而然地爱。”赫拉绊倒在篱笆洞里，安妮扶起她，拥抱她，然后轻轻地把她放在地上。“看，宝贝！”安妮指着清澈的夜空，两颗星星在闪耀，“那是卡斯特与帕勒克，双胞星。如果你们是星星，那就是你们俩。”

双胞胎妹妹向上注视，伸出胖胖的小手，仿佛她们能抓住一颗星星，将它带到地球上。“抓一颗星星？”她们满怀希望地问安妮。

“对不起，女孩儿，”她说，“甚至我都不能让星星为你落到地球上。你只能看它们在天空上。”

两个小孩蹒跚地走向她们的房子，安妮和乔治跟随着。

乔治转过头看看 Ebot 说：“很奇怪，Ebot 真的看着像你爸爸。”

“除非它不通电待在那里，”安妮说，“它是像爸爸，但爸爸是活人，Ebot 不是…… ”她停下来。“我知道了！”她喊起来，兴奋地跳来跳去。“那就是我要做的！”

“什么？”乔治问。

“我的科学课题啊！”她弹起来，“爸爸是活人，为什么 Ebot 不是？两者之间有什么区别？生命是什么？那是期中假期的科学课题啊。”

“你的科学课题就是‘生命’？”乔治问，“你是认真的吗？”

“是啊！”安妮看上去非常高兴，已经忘记了之前的不快乐。“但不仅仅是，”她说，“我已经知道了最初的一点儿——地球上的生命如何发展起来，查尔斯·达尔文如何在小猎犬上航行，发现那一切。现在我要做的是生命如何从太空来到地球！我要做生命宇宙化

学！哈！就做那个，卡拉·比诺丝。”她喃喃地说。

乔治惊讶地看着她，“是吗，好像野心有点太大了？”他说道。

“你忘了我的杰出智商吗？”她问，“快，Ebot，我们有工作要做…… 乔治，能把手套给我吗？”他把手套交给她，愉快地道“再见！”

安妮向她家走去，Ebot 跟随，留下乔治照顾那对双胞胎妹妹。

太好了，乔治想。在没有我的情况下，安妮做了一个超兴奋的科学项目。那太好了。当我长大了，机器人发着牢骚，我真的只和机器人一起生活——没有其他任何人，除了安妮偶尔来。但没其他人。他嘟囔着，转身走回家。

生命史

当我们环顾周围的动物和植物时，生命的多样性令人称奇。即使是一个繁忙的城市中的一个步行道都会让我们接触几十种物种，从小到我们几乎看不到的昆虫，到树木、大型动物、鸟类和哺乳动物。在乡村、森林、草原、沼泽地里甚至有数以千计的物种。

我们还不知道世界上有多少物种。迄今科学家已经仔细识别了大约120万个物种，并对之描述、分类，并给出名称，但物种的总数远远大于这个数字。最好的估计是，共有八九百万种，虽然一些生物学家认为可能远远高于这个数。这意味着我们的星球上绝大多数的物种还未被命名。它们可能在我们甚至还未注意到的时候就灭绝了！

这些物种从哪里来？这是人们经常问的一个问题。世界上许多宗教对此都有答案。他们谈论上帝创造生命。这个答案对科学家来说是不够的。即使上帝确实创造了物种——包括我们在内——我们想知道什么时候和如何创造的！

19世纪的查尔斯·达尔文给出的答案，至今我们仍然认为是正确的。达尔文是一个富有的人，而且有幸福的婚姻。即便他和艾玛有十个孩子，而大多数

的孩子只喜欢冲进父亲的书房，试图让他与他们一起玩耍。但他和妻子艾玛有仆人，妻子管家。这就使达尔文有时间从事科学研究工作。

达尔文意识到，正如农民只选取某些个体生产下一代来产生家畜新品种，大自然也可以通过所谓的“自然选择”产生新物种。比如，假设在产小种子的地区和大种子的地区有一些分布广泛的食种子的鸟。再假设鸟喙的尺寸不可避免地会有不同。鸟喙的大小部分取决于其父母的喙的大小，所以有小喙的鸟类往往会生出小喙的鸟，而有大喙的鸟也通常会生出具有大喙的后代。

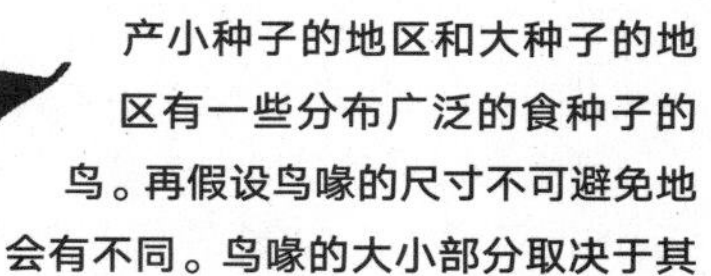

目前为止还没什么令人惊讶的。但达尔文认识到，如果喙的大小对鸟类的生存和繁殖很重要，例如，由于食料有时供不应求，那么自然选择将逐渐导致喙尺寸发生变化。随着时间的流逝，生活在植物种子大的地区的鸟类将会有大的喙，生活在植物种子较小的地区的鸟类将会发展成小喙。在足够的时间里，原始的单一鸟类物种可能会演变成两种新的物种，每种都适应其食物来源。

达尔文在 1859 年出版了一本名为《物种起源》的书。这是有史以来最重要的科学书籍之一，它改变了我们对世界的看法，它一直在重印。这是一本很厚的书，但仍然非常值得一读。

达尔文是第一个承认他的理论并未解释一切的人。特别是关于第一个物种如何存在。毕竟，他的理论可能解释了物种如何随着时间的推移而变化，但未解释整个过程怎么进行。

达尔文是个天才。其实，他不仅仅是一个天才，他是一个全面的天才。他提出的最初始物种起源的可能答案几乎是今天许多科学家仍然认可的。1871 年 2 月 1 日，达尔文在写给他的亲密朋友和科学家约瑟夫 · 胡克（Joseph Hooker）的信中说：

人们经常说，一个生物体首次产生的所有条件现在都存在，过去是可能一直存在的。但是，如果（哦，多么大的如果！）我们可以想象在有各种氨和磷

生命史

酸盐的温暖小池塘里，光、热、电等都存在的情形，蛋白质化合物被化学形成，准备进行更复杂的变化，那么在今天，这种物质会立即被吞噬或吸收，而在生物生成之前的情形不是这样的。

我们还不确切知道生命如何开始。在达尔文温暖的小池塘中可能会有一个或多个，犹如他建议的那样。但一旦它开始了，生命就不会停止。随着数百万年的飞逝，地球表面的生命逐渐地越来越多，物种越来越大。

它们殖民在这片土地上，带往空中。最终，这个过程开始后的三四十亿年里，我们有了鲸鱼和蜂鸟，巨型红木树和美丽的果园以及今天所有其他的，包括我们在内的八九百万个物种。

而且我们仍在发现一些物种。也许有一天，你自己到我们美好地球的一个地方去，并且成为第一个识别某个新物种的人！

麦克

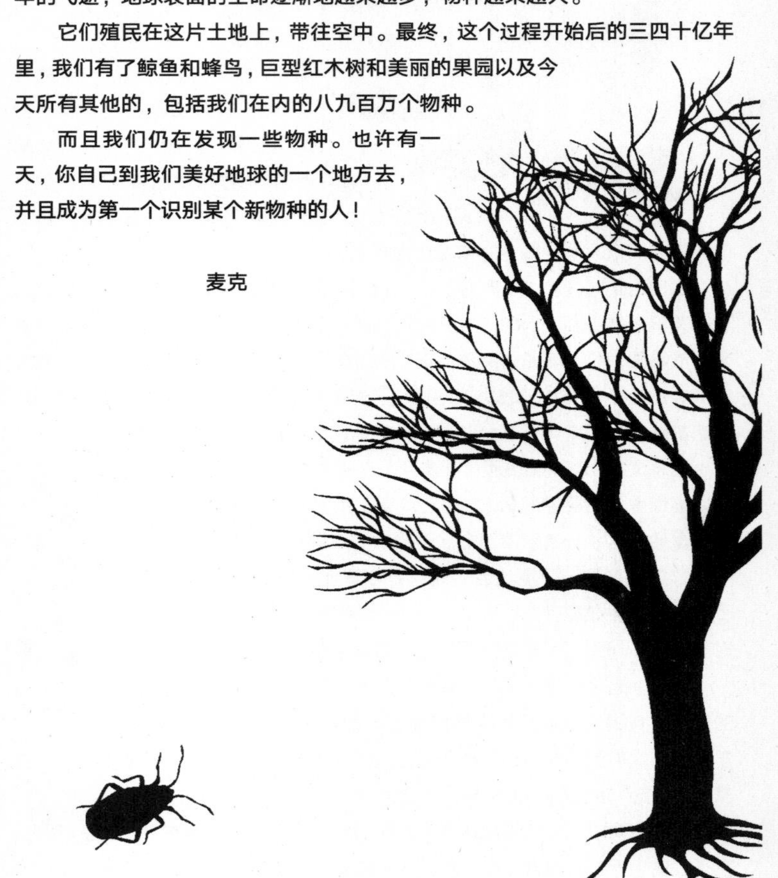

第六章

第二天早上，乔治很晚醒来，房间里异常的安静。他没像平时那样听到愤怒的尖叫，那是双胞胎在早晨发出的谁也吃不消的愤怒和恐惧的声音，没人能期待她们吃早餐。他在温暖被子下伸展和扭动着脚趾。然后他记起了！安妮和生命的宇宙化学——生命如何从太空来到地球…… 然后他又记起疯狂的银行机器，在世界各地吐出钱。他必须弄清楚发生了什么！他从床上跳下来，套上衣服，跑下楼。

迎接他的场面令人吃惊。双胞胎温柔地坐在高脚椅上，平静地吃着早餐，她们没有将食物溅到墙壁和地板上；乔治的母亲和父亲对他笑了笑。他被眼前的变化弄糊涂了——早餐通常是婴儿的战区——现在他吃惊地发现妹妹们是天使，而非恶魔。

看到他吃惊的样子，他母亲说："我们告诉过你她们有一天会长大，对吧？"

"一夜之间？"乔治问。当然这实际上是不可能的……

"孩子们，"父亲飘飘然地说，"她们变得那么快！"他叹口气。"你是没变——"

他话音未落，一个咬过的家常松饼从空中飞过来，正好糊在他

下巴上。被碰掉的碎屑又反弹回来，双胞胎爆笑着，另一个松饼紧随其后，乔治可怜的父亲被轰炸得像一个充满了碎片的年轻太阳系。

乔治立刻逃出了后门。“去安妮那儿！”他向父母大声喊道。

他穿过篱笆中的洞，冲到隔壁人家的后门。像往常一样，房门开着，他愉快地哼着：“嗨”

1 秒后，对方相应回道：“嗨。”那声音告诉他安妮在她爸爸的书房里——就是非常聪明的电脑 Cosmos 所在的那间，那是过去埃里克用它帮助自己工作的地方。从楼上传出小提琴声——那说明安妮的妈妈在家，为音乐会在练琴。安妮小的时候，她妈妈当过音乐教师，但最近她已经回到原来的职业——音乐演奏，她越来越多地离开家，与她的乐团去演出。

果然，乔治发现安妮倚着靠垫坐在 Cosmos 前，在很多次的冒险中，Cosmos 曾经是他们的朋友和帮手。它并不总是很完美——有一次，Cosmos 十分挣扎着才连上另一台超级电脑，以便把他们带回家而非陷落在遥远的外星系，那个星系是我们太阳系之外的行星系。另一次，为了救援陷入黑洞的安妮的爸爸，它努力运行时几乎爆炸了。它仍然不可预测，不稳定，当它想努力做时。而今天看起来就是一个不顺的日子。

“它真的很棘手。”安妮皱着眉头说。

Cosmos 什么都没说，这不像它啊，但它打着小喷嚏。

“它感冒了吗？”乔治问。

“它真的不开心，”安妮说，“它说它觉得自己病了，但我听了觉得真怪。”

“是的，这完全不像 Cosmos！你在用它做什么？”

乔治拉过椅子坐在她旁边。

“嗯，我在做我的科学课题！”安妮解释。

“让我看看！”乔治立

刻说。

“好，这里是……”她点开屏幕，上面并列显示着埃里克的两张照片。

“其中一个是真正的爸爸，也就是埃里克，”她边说边指着照片。“这一个是机器人爸爸，或称 Ebot。”

“所以一个是活的，一个不是。”乔治快速地说。

“没错，”安妮确认，“但有什么区别？”

“呃……”乔治困惑地说，“一个可以选择自己的行动，另一个不能？”

“不，”安妮说，“Ebot 有一个控制板，但它也可以从以前的命令中学习，确定自己的行动。”

“一个人需要食物、睡眠和水；而另一个不需要？”乔治说。

“Ebot 也需要能量，”安妮说，“再说，你也不能说我爸爸真的睡觉。”

“这倒是真的……”乔治沉思着。埃里克以每晚只需要三个小时睡眠闻名，事实上，他所有的邻居都非常清楚：他工作时，从下半夜到清晨，他喜欢播放歌剧，声音很大。

“Ebot 现在在哪里？“

“它在充电。”安妮说。

“一个有呼吸，”乔治建议道，“而另一个没有。一个有胃有心脏，另一个的内脏只有电线和填充物？”

“是的，这就是我的想法！”安妮说，“我正在看它们各自是什么做的，我正列出生命的元素。”

“什么是第一个？”

什么是超级计算机？

多少每秒峰值速度？还是兆伏？

随着时间的推移，我们有越来越多的功能强大的计算机可用。度量计算机功能的一种方法（不是唯一的方法！），是测量它可以执行的通常被缩写为“flops”的最大浮点运算次数。

一个大系统

不管当下处理器的功能如何，有一个简单的办法可以制造出更强大的机器——把很多处理器放在一起！超级计算机是专门构建的一种计算机，通过将许多处理器连接在一起，成为一个单一的大系统来实现超常性能。每个处理器可以同时并行地处理任务的一部分。

连接多个处理器意味着将它们连接到某种网络上，通常，通过诸如电话网络或互联网络就能够跨越大的距离连接计算机。

一个尴尬的问题

如果工作可以分成几个独立的部分，每个处理器的运行完全独立于其他部分，需要解决的问题就是令人尴尬的并行问题。在这些情况下，网络只是在真正需要时告诉每个处理器应该做什么，结束时收集结果。

但这不是一个超级计算机，因为大多数的大问题并非尴尬地并行，而是处理器需要相互发送中间的结果，而一台超级计算机必须能够并行处理一般的问题，并更快地解决它们，以及能够一下子处理许多独立的小问题。这就是它与一个松散的计算机网络和大型主机的不同之处。

网络质量有多好？

并行性能会受网络质量的限制，特别受制于两个参数：

带宽——每秒可以携带的数据量，我们希望是大的。

延迟——发送和接收之间的延迟，我们希望很小。

什么是超级计算机？

使用计算机存储器：

如今有几种将处理器连接在一起以创建超级计算机的不同方法。

对称多处理器（SMP）系统

该系统将所有处理器均匀地连接到超级计算机内的内存，因为所有处理器之间共享内存，所以它们也是共享内存系统，对于大型系统来说，这很难做到，而且非常昂贵。

非均匀内存访问（NUMA）系统

当处理器和它要读取或写入的内存被进一步分开时，这些网络变得较慢。由于它们还共享内存，程序员必须小心保持需要处理的数据尽可能靠近处理器。运行这类系统比运行 SMP 便宜。

互连

这是一个特殊的高质量的网络，可以连接一组单独的计算机（称为节点）。一个节点中的处理器完全看不到其他节点中的存储器，因为它们不共享存储器；这些是分布式内存超级计算机。程序员必须对节点之间的信息传输编程。当节点只是普通计算机而不是特殊模块时，这种超级计算机通常被称为集群。

现代电脑系统

现代计算机通常包含一些一度仅在超级计算机中发现的并行功能。例如，现在单个处理器可以包含多个核心，每个核心又拥有自己的处理器一样的功能——处理器变成 SMP 系统，多个核心连接到附近的存储器块。更昂贵的计算机具有多个处理器插槽，因此每个处理器插槽都会成为一个 NUMA

系统，以及一组内核和一个与每个插槽相关联的内存块。

用于超级计算的图形处理单元（GPU）

这是最近的发展，非常适合任何喜欢在电脑上玩游戏的人。它们可以非常快地创建像素，将 PC 的游戏画面发送到屏幕。同样的设计使得它们在某些类型的计算中也非常快。

从每秒峰值速度到 exaflops！

1 megaflop = 每秒 100 万次（10 的六次方）浮点运算
1 gigaflop = 每秒 10 亿次（也就是 1000 megaflops）
1 teraflop = 1000 gigaflops
1 petaflop = 1000 teraflops
1 exaflop =1000 petaflops

使用这种测度，很容易看出计算机性能仅在过去几十年中是如何改善的：
1998 年：具有一个处理器的计算机的峰值性能可能达到 500 megaflops。
2007 年：大量单处理器性能约为 10 gigaflops。
2013 年：已有具有两个处理器的单台计算机，每个具有 8 个内核，每个核心的理论峰值性能为 20 gigaflops，每台机器的峰值性能达到 320 gigaflops。这实际上是一个 NUMA，共享内存，拥有十六核并行机——但今天我们不会称之为超级计算机，除非连接了几百个类似的单位。

Top500（www.top500.org）列出了世界五百强功能最强大的超级计算机，每年更新两次。在撰写本文时，列表中的大多数机器都具有几百兆 teraflops 的功能，但顶级机器达到了 33862.7 teraflops（33.8627 petaflops）。它的功能比 20 世纪末可用的电脑强大得多！

几年之内，也许会出现第一台 exaflop 的超级计算机。那是多么强大啊！

她从两个埃里克的照片下方继续滚动，直到显示出一篇标题为碳的文章。

“大家都知道，”乔治大声念道，“碳来自恒星。唔……”他停顿了下来。

“什么？”安妮自言自语，后来才意识到乔治正在大声读她的科学论题。

“有错吗？我查过拼写了。”

“不，拼写没错，”他告诉她，“但我不以为每个人都知道碳。”

“哦，好吧，”她擦掉了 Cosmos 屏幕上的线，然后开始打字：“众所周知……”

“你打了 b，”乔治说，“应该是 p。”

“我以为它会自动校正呢！”安妮叫道，她又按几个键作了切换功能。

“但关键是，”乔治继续说，“我根本不认为人们对碳有很多了解。我的意思是，你我知道碳来自恒星，因为你爸爸有 Cosmos 可以告诉我们，当一颗恒星到达生命终点时会发生什么：那里会有一个巨大的超新星爆炸。但我不认为大多数人都知道这些元素是在恒星里形成的。”

“你可能不知道，”安妮写道，计算机在纠正着她的拼写，“碳来自于恒星。当恒星燃烧时，它造就了重要元素之一——碳，当恒星死亡时，碳被传送过宇宙，并且可以变成其他物质，就像你和我。我们是‘碳基’的生命形式。碳——”

“你应该要说碳实际上是什么？”乔治打断道，“否则读到这里的人们会以为他们是一堆煤炭造就的。”

“是，是的，我正写到那儿，”安妮抗议，“顺便说一下，我确实知道碳是什么！”

“是什么呢？”乔治问，他真的想知道。

“嗯，”她说，“是这样……”她停止打字，开始说话。“碳，”她说，“原子序数为 6，这意味着有 6 个质子和 6 个电子。碳和自身形成的键很强，含有这种键的化合物非常稳定。该键还允许碳形成长链和环，优于任何其他元素。这意味着，已知含有碳的分子，除了含氢的之外，比含所有的其他元素的化合物放在一起还多。这是宇宙中第四个最常见的元素。”她补充道。

“哇！”乔治说，“你不是在开玩笑啊。”

“不了解碳，我就不能成为化学家，”安妮回答，“那就像妈妈弹奏小提琴而不会弹音阶似的，或烘烤没有鸡蛋的蛋糕。那就是不行。”

直到此刻，楼上传来的音乐一直和谐美丽。电话在远处响起，音乐停了 1 秒。然后，孩子听到很大的怪音，那是安妮的妈妈弹奏出了一个走调和弦。

“安妮！”几分钟后，苏珊出现在书房门口，面带震惊地说，“你了解免费飞机航班吗？”

“什么免费航班？”安妮叫道。

“所有的航班都是免费的！”苏珊拿出手机，让孩子们读那个消息：

“大家好，亲戚们！一伙人都在路上。免费航班，很快就见面了，我亲爱的。嗨！”

“但这是什么意思？”安妮说，查了自己的手机，“我不相信，但

它是真的！所有航班都免费！我们可以弄一个吗？我们可以去迪士尼乐园吗？”

“不，我们不行！因为我全家——”现在苏珊看起来相当惊慌，“现在正从澳大利亚来。”

“他们什么时候到？”乔治问。

“我不知道！”她惊恐地说，“我妹妹只是说‘很快！’这可能意味着任何时候都会到。他们全家所有的人！哦，我的天啊！下面的消息中，他们说他们已决定尽快来，以免免费航班因错误而被取消。”她跑到埃里克的书房里，打开墙角的小电视机，转到新闻频道。

“世界各地机场，国际性的混乱，”播音员看起来很担忧，在她身后，镜头显示携带行李的人们试图挤入机场，“因为航空公司免费。世界主要的航空公司都惊讶地发现，他们网站的国际航班已经在一夜之间被预订一空，所有都设定了相同的价格：零。乘客们冲上去订了免费机票，现在正试图乘坐世界上最便宜的航班旅行……”

“他们要来多少人？”乔治问。

他以前只知道，安妮的家和平而安静，所做的只与学习、音乐和技术有关，现在惊奇地发现她家一个全新的分支正从世界的另一边来。

“妈妈的妹妹有七个孩子，”安妮说，“我从没见过他们，但听起来真的很有趣。”她补充道。

“哦，亲爱的，哦，亲爱的！”苏珊烦躁地说，“那将会非常困难。况且你父亲又不在。我想他们至少需要一天才到，所以也许那时他会回来……”

“也许他们不会注意到，Ebot 不是他吗？”安妮说。

“别傻了，安妮，”苏珊打断她的话，“他们当然会注意到。他们几乎不会误认为机器人是真的！”

“但埃里克说 Ebot 与他非常接近，除了它不是真正活着的，许多技术无法说出他们之间的区别。”乔治帮腔道。

但苏珊的表情已经判断他说的不正确。“我想他们会注意到的。”她斩钉截铁地说。

就在此时，Cosmos 再次打了个喷嚏。

“那台电脑有什么问题？”苏珊问道。

“它今天早上有点慢。”安妮抱怨道。

“我感觉不舒服，”Cosmos 凄惨地说，“我想我可能被什么感染了。”它又打了三次喷嚏，然后微弱地咳嗽了一声。

“我希望他没在互联网上感染病毒。”乔治很担心地说。这样的无精打采真不像是 Cosmos。

“当你父亲不在的时候，你应该使用它吗？”苏珊烦恼地说。

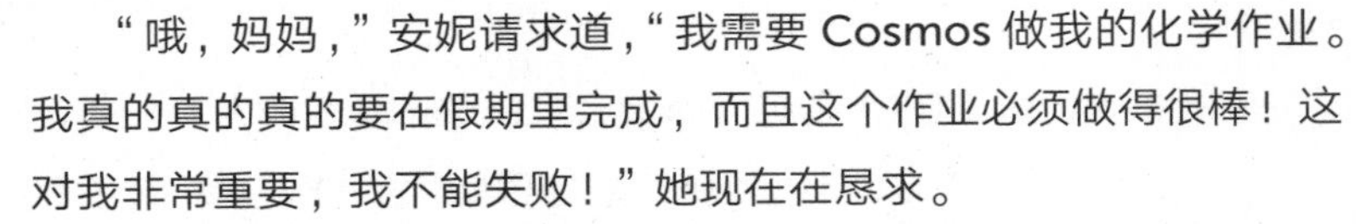

“哦，妈妈，”安妮请求道，“我需要 Cosmos 做我的化学作业。我真的真的真的要在假期里完成，而且这个作业必须做得很棒！这对我非常重要，我不能失败！”她现在在恳求。

乔治很惊讶地看到她眼中有真正的眼泪。他想知道为什么学校对她来说突然变得如此重要。考虑到从世界另一边而来的令人兴奋的亲戚们，他以为她会忘记她的作业，会很快转而计划她家人的

到来。

“哦，好吧。”安妮的妈妈通常不会同意让乔治和安妮自由使用Cosmos，她认为电脑是危险的，颠覆性的。但她的亲戚即将来临，这使她脑子乱了。

“我要到哪里弄到足够的睡袋？”她担心地说，她走回厅里。“我必须练习一首全新的交响乐…… 这些航空公司真的弄乱了每个人的生活。我们怎样才能把九个人装进这个房子里？”

“至少你不会再孤单了，”乔治指出，“挺好的，对吧？”

“是，而且快乐！”安妮高兴地说，“当然不再孤单，有很多朋友玩！你可以跟我们一起出去，乔治！”

“不，谢谢，”他说，“有时候我不确定我会喜欢那么多人。我想我更喜欢机器。”

Cosmos 再次打喷嚏。

安妮的妈妈把头靠在书房的门上，看起来很慌张。“现在，安妮和乔治…… 我知道这不是通常所做的，但这是紧急情况。我相信你长大了，我要出去一下，我要你答应我，我不在时，你会负责任，好的，特别是在发生的一切事情。我要你留在家里，你可以继续你的化学作业，安妮。我买了床上用品和其他用品后就会回来。你能保证吗？”

乔治和安妮同声回答：“我们保证。”

“我不认为我不在时，他们会来，但如果他们来的话……”苏珊边向门口跑去，边回头喊，他们听到“砰”的一声。

“如果他们来…… 干什么？”安妮看着乔治说。

“喂他们恐龙脚趾甲。”乔治坏笑着给她建议。“带他们去做个

漂亮的太空行走！”安妮说，“那才是我们该做的！”

“哦，等等，”乔治说，“我不是那个意思。”

他们看看 Cosmos，它正打着喷嚏。

“我相信会让 Cosmos 感觉好些，”安妮转过身，“希望它感觉不好是因为我最近没怎么用它。毕竟它是一台超级计算机，不是老式的普通电脑。”

乔治想，这不太像安妮的解释。他们已经很久未被容许做太空考察了：自从苏珊非常清楚地表示不会容忍任何危险的冒险之后，埃里克制定了使用 Cosmos 新的超级规则。

安妮说：“终究我们是要做我的化学研究作业。那超级重要的化学研究项目，下周回学校时，我的特棒的作业必须让每个人惊艳。那必须是有史以来我做的最棒的作业，我们必须让它真正优秀！”

“我们？”乔治问，“为什么？”

“尽管我知道自己很聪明，一切都很棒，即便如此，这也是我证明这一点的时候了。现在我已经做碳的题目，我要做下一个条目，我想写关于太空中的水，所以我们必须去调查，否则我就没什么可说的了！我们实际上不会离开这所房子的……”

“嗯，那么我们真的会的，”乔治说，“如果我们要进入太空……”他很想去，但他仍然需要一个更有说服力的理由。他自然比安妮更谨慎，也不想因为滥用太空门户而被驱逐。对安妮而言，则非常好……她和 Cosmos 同住在这里，总有办法接近它。但对乔治就不同了。

“不，我们不会！”安妮说，“妈妈的意思是不要出门走上街头。她没说不要出去进入太空！”

在乔治能进一步反对之前，她已经开始在 Cosmos 键盘上快速地打字。

“如果你的妈妈回来了，我们还在太空，那怎么办？”他问，“而且我们怎么知道她回来了？”

“问得好！”安妮跳起来，跑出房间，很快就拿着触觉手套返回，身后跟着 Ebot。

“他现在正在工作，”她说，“向乔治问好。”

Ebot 举手问候：“你好，乔治。”

安妮脱下手套，递给乔治。他很快就接近了她的想法。“我应把它们带去太空吗？”他问她。

她笑了。“好主意！你永远不知道什么时候我们可能需要远程操作 Ebot。Ebot，坐在那里……”安妮指着一把椅子，从那里，Ebot 可以看到 Cosmos 和太空门。然后她在 Cosmos 旁边的桌子上抓起遥控眼镜。

“当我们在太空时，”她向乔治解释道，“我可以通过 Ebot 的眼睛看。如果妈妈回家，就会提前得到警告，我们就回到地球上的这间房子里来！”

正如她所说，Cosmos 已经在建立太空门。两条狭窄的光线从它的屏幕上射出，在房间中找一个点，从那里开始，光线向相反的方向移动，勾勒出门口的形状。

同时，安妮在她爸爸放宇航服的大柜子里翻找着。

“这是我的！”她找到了一套戴有丝带、光片和徽章且经她改制的太空服。“你的在哪儿？”她又从柜子里扔出来几件。“我找不到！在这里，拿着这个。”她随便拿了一件扔给他。

“那是你爸爸的！”乔治说，“我不能穿！这有他的徽章和呼号！如果我使用语音发射器，那么显得就像埃里克在太空中！”

“别浪费时间了！”安妮不耐烦地继续说，“我们只会在太空里待短短的几分钟，NASA 不可能注意到。”

现在 Cosmos 创造的太空门很慢地摆动着，安妮和乔治仅能看到门外的那一边的世界闪着很微弱的光。

“你问 Cosmos 带我们去哪儿？”乔治问道。

“我告诉它——”安妮在她的太空头盔上通过语音发射器说话，“让我们看看太空中的水。”

“但是，具体是哪里呢？”

门又摆了过去，就像以前许多次那样。通过门口，他们看到一个黑色和樱草黄色的世界：黑暗的天空之后的苍白而空旷的景色，

巨大而柔软的片状物体正飘向地面。

“这是什么地方？”语音发射器中传来安妮轻轻的呼吸，乔治在他的太空盔甲接收器中听来，她的声音就好像在耳边似的。

“欢迎，”Cosmos 说，话音中带点鼻音，“欢迎来到土卫二，土星的第六大卫星。请通过门口。为您的靴子添加一点空间重量，以便您能够应对土卫二上较低的重力。”

安妮跑回柜子，抓起空间重量砣，将它们挂在他们的靴子上。

“我们走吧！”乔治穿着加重的靴子，笨重地走向门口，越过门槛。他跌倒在遥远的卫星上。他的心怦怦地跳着，心跳声大得听起来似棒鼓声。这太酷了！他以为这个假期是最无聊的，但突然变成

爆炸般惊人的棒。

安妮跟随着，他们通过太空门站在土星卫星上，他们这才意识到，厚厚的雪花很快就覆盖住护目镜的玻璃。

“我真不敢相信！”乔治笑了，“我们在土卫二上！而且正下雪呢！”

第七章

这遥远的卫星散发着奇怪的淡黄色的光，透过围绕他们的黑暗，投下深深的阴影。

“当心脚下！”乔治警告道。他很高兴又回到太空，他等另一个宇宙冒险已经很久了，现在它真的发生了！但在家中梦想太空的这段时间里，他忘记了远在太阳系中的危险，在伟大的太空中只有他和安妮。虽然双手戴着手套，但他的手指因兴奋和紧张而感到紧绷绷的。他知道必须小心，以防万一他在土卫二上做的动作，使地球上 Ebot 也做出同样的反应，弄翻埃里克书房里的什么东西。他试图尽可能让双手平稳。如果他们有麻烦，这一次埃里克可帮不上忙。乔治意识到必须超级小心。他无法想象如果在土卫二上发生意外，Ebot 能救他们。

他说：“这些坑洼，看起来不容易攀爬出来，即便是很小的坑。”

在他们周围，躺着数百个小坑和一个巨大的坑，底部覆盖着闪着琥珀色光的神秘物质。附近的一个山脊俯瞰崎岖的地面，而在他们的脚下是一条细线，犹如人行道的裂缝——它向两个方向继续延伸直至看不到的远处。

虽然乔治曾多次在太空中旅行，但他却从未习以为常。他总是

土卫二

它只是一个小小的白点，绕着巨大的冷冻气体行星土星旋转，它位于土星的最密集的环中。它是土星 60 个卫星之一。在夜空中，它既非最大也不是最可见的星。土卫二以希腊神话中的巨人命名，那个巨人被埋在地球的埃特纳火山之下，然而科学家们现在认为，它也许是我们太阳系中最适宜居住的地方之一！为什么呢？答案相当简单——水。

这颗撞球般的卫星——表面白色，圆形，冰冷光滑——似乎有液态水，那是我们所知生命的最重要的成分之一。它早在 1789 年就被著名天文学家威廉·赫歇尔发现。但它一直是个谜，直到 20 世纪 80 年代初，才有两艘远航号航天器经过它。远航二号透露，尽管这个卫星尺寸很小，但它拥有各种各样的风景。在一些地方，远航二号看到了古老的火山口，而在另一些地方，它看到地面最近遭受火山活动干扰的痕迹。

土卫二经历过频繁的火山爆发。埃特纳是将火山灰、熔岩和天然气送进地球大气层，而在土卫二上，低温火山将大量的水冰射入大气层，其中一些作为雪飘回土卫二表面。自 2005 年以来，卡西尼空间探测器已经飞越了土卫二，拍摄了许多土卫二上的冰喷泉照片。所以如果你能到那里，你就能在太空中堆一个真正的雪人！

一个非常特别的地方

除了液态水，土卫二还可能拥有生命的其他各种有用的成分，比如有机碳、氮和能源，研究土卫二的科学家最近表示，这使这颗卫星成为一个非常特别的地方。这是否意味着在土卫二上有外星生命形式？是否有外星人秘密地生活其中？也许有一天你会设计一个可以访问土卫二的机器人飞船，找出外星人是否正睡在这个遥远而迷人的小卫星表面上！

惊艳于令人难以置信的宇宙景观。太空如此非凡，巨大而美丽……，除了他和安妮，这里没有任何人，这个巨大空空如也而完美的世界，就在周围，等待他们探索。

“真棒！”安妮望着景色叹道。

乔治随着她的目光望去。在地平线上，他可以看到横贯这个奇怪的小卫星的空洞的一条耀眼光芒的锋利曲线，它正非常慢地向他们爬过来。

“那是太阳光……”安妮指出，“在那边，是日光。”

“那么这些有趣的黄色光芒又是什么？”乔治问道，“它从哪里来？”

在另一边的地平线之上，在远离太阳，黑暗的一边挂着巨大的

冰冻气体球，那是土星。由灰尘和岩石组成的土星环围绕着那颗宏伟的恒星。

“那是土星的光，”安妮低声说，她不太确定为什么会有光。“那是太阳光从土星反射，照亮了土卫二的黑暗面。看看！”她指着天空中的一个点。“那肯定是泰坦！嘿！”她在宇航服的口袋里摸索着。“你觉得我可以拍到土星的照片吗？”

“你可以试试。”乔治说，他希望能带上相机。安妮的土星照片将会比他要在地球上拍的好得多。在这里，土星似乎近到触手可及。

安妮按了几次快门，但并未拍下来。

乔治意识到：“我想可能是相机冻了。这里真的很冷。”他想，也许最终自己将会是成功拍摄土星照片的人。这使得他想着地球那边正发生什么。

“你看过 Ebot 的视界了吗？”他问。

“我有远程访问眼镜，”安妮说。“我能通过移动眼球来切换视界框架，它给我…… Ebot！在这儿呢，我能看到家里——哇！这很奇怪。但没有妈妈回来的迹象。我希望她仍在试图买数不清的枕头或者其他什么东西。”

去谈论安妮的妈妈在地球上购物，似乎真的很古怪。感觉这类事情不仅是发生在不同的星球上，而是发生在另一个宇宙中。

乔治伸出手，想知道 Ebot 是否也在做同样的动作。他观察到，“雪下得小了。”他从未见过这么大的雪花。它们让他想跳跃过这个奇怪的小卫星的纯洁表面。

“我的天，看那个火山口！”安妮向前走了几步。

乔治小心翼翼地跟在她身后，走到巨大的火山口边缘，探身

观看。

“那儿下满了雪！”安妮继续说，“如果我们下到那里，我们就成了最惊人的雪天使！”

“但我们不知道它有多深，”乔治警告道，“可能下了几百万年的雪了，我们可能沉入雪中，永远出不来。”

“就像游泳似的，但是在雪地里！”安妮说。

“不要去试！”乔治不相信她真的会冲进一个未知的火山口，但是他决定不要冒险。“我可能永远不能把你救出来！”突然间，他感到远处传来一阵阵打雷似的轰隆声。

“你感觉到了吗？”他问安妮。

她点点头。

然后，他感到脚下更大的颠簸，仿佛是来自于那个裂缝。“Cosmos？”通过即时通信，他询问超级计算机。但他没得到回复。Cosmos 的沉默开始使他感到不安。

安妮再次查验，她从父亲的书房里看到了 Ebot 的眼睛所见。“地球上什么都没发生，”她说，“Cosmos 就坐在桌子上，而 Ebot 的眼睛盯着门口。它没有理由不回答啊。”

“Cosmos！”乔治再次尝试，“你确定你把我们放在安全的地方吗？”

脚下地面在来回移动，彼此碰撞。这一刻，乔治感觉就像安妮的相机被冻住似的，他无法移动也没有反应。绝对的恐惧感好像胶

水似的黏得他动弹不得。为了逃脱，他环顾四周，但看不到太空门户的迹象，没法逃，除非……

“快离开！”安妮抓住乔治，尽快地拖起他。他蹒跚着，耳边急促的声音将他从呆滞状态中唤醒。“快点儿，乔治！我拉不动你！我们必须快跑！”

最后，他的四肢开始移动，他离开 Cosmos 放下他们的地方，而那个地方正在不停地摇摆，地面开始移动并弯曲。

“这是断层线！”安妮说，“你知道这是发生地震的地方。一定是的。我觉得将会爆发地震！”两个人在开裂的地面上挣扎着。断层从两边分开，乔治跟随安妮，殊死搏斗着，以免跌入已经裂开的深渊。

“这边走！”安妮指着开裂地面上方的一条山脊，那里正喷出一点儿水蒸气和气体。

乔治踉跄往前，他想是否最终能回到家，还会有他妹妹们在身边纠缠或吃他妈妈做的奇怪食物吗？他向前走着，喉咙感到一阵哽咽。行星地球毕竟没有那么糟糕。

安妮选择了一条好路线。他们一起攀爬山脊，手脚并用，几乎垂直的山脊令他们害怕得心跳。低处悬崖表面看似标出移动地面的边缘，形成了卫星地震的自然的边界。

一到达顶部，安妮就趴下来，并把乔治拉倒。他们向前凝视着，他们已经站到了山脊边缘。

乔治躺着，他觉得心跳开始慢下来。他想，无论如何，他们安全了。但回头看，他意识到，如果安妮没有那么快地发现危险，他们就真的不能再回家了。

就在 Cosmos 定位太空门，并把他们放到那个地方后，他们看到断层线扩大了，最终地面完全分裂。当蒸汽撞到冷空气时，一股巨大的蒸汽飘向空中，扭转卷曲。紧接着，一个巨大的水柱冲出来，在地表面上升了很多米。在纯黑的天空下，喷雾形成了美丽的花边图案，水滴溅入大气层，冻结，然后变成冰喷泉下落。

“哇，这是一个冷间歇泉！”安妮好奇地说，“Cosmos 已经在太空中为我们找到了水！”

“是啊，但它几乎置我们于死地啊。”乔治说。在恐惧中，安妮似乎没有意识到她刚刚救了他们的生命。“安妮，如果我们没有挪动，我们现在就死了。我们要么就陷到那个洞里，要么被炸进太空，或者冻成冰雕像。总之没一个好。”

“我确信Cosmos不是故意这么做的。”在黑暗的星空下，安妮看着水与冰的嬉戏，背景是土星苍白的球体。“它不会那样做的！对吧？”她突然听起来不那么确定，“那一定是个错误。”

“我不知道！”乔治也很困惑，“也许是因为它感觉不舒服，但这真的很危险，它把我们放在一个几分钟后就要爆发的冰火山前！”

“真可怕啊！”安妮的语调也很震惊，“你不觉得？”

乔治说：“我不知道该怎么去想。但在我们脚下其他任何东西爆炸之前，我们绝对需要离开这里。”

“我会召唤 Cosmos，”安妮说，“哟呼！ Cosmos！”

“嘿嗨！”Cosmos 以非常不熟悉的，听起来却很棒的声音突然回答，“土卫二上如何啊？”

“听起来一点都不像它。”乔治低声对安妮说。他的宇航服是恒温的，穿在身上，他感觉良好舒适，但一下子他感到血都冷了。为什么 Cosmos 变得不认识了？

“呃，太好了，谢谢，”安妮勇敢地回答，“一个间歇泉从冰火山喷发出壮丽景观，我的朋友乔治在那儿，也是这么说的。”

“一个景观？”听起来 Cosmos 很惊讶，“你怎么没有——？”它突然停住不说了。

“呃哦！”乔治静静地说。似乎最可怕的恐惧已被证实了。

Cosmos 是有意将他们置于危险之中！

“是的，一个很可爱的景观，”安妮继续说，“但现在我们已经看到了空气中的水，我们想回家了。”

他们两个伸出他们的太空手套，抓住对方的手，紧紧一握。他们在一起。探险的想法可能出自安妮，但乔治自己想在卫星上行走，就和她一起来了。他们永远不知道伟大的朋友和盟友 Cosmos 会这么令人失望，现在他们正好处在这可怕的冒险中，却没有人能帮助他们。

“但你还没有真正完成呢。”Cosmos 坚持道。它现在似乎说话流利了——也没有任何感冒的迹象——但那不是它的声音；它没有说任何他们期望的话。真是非常奇怪神秘，好像一个朋友成了敌人，不能再期望他照顾他们。

“太空中有更多的水，”Cosmos 继续用新的奇怪的声音说着，“为什么我不带你们去一个超大质量的黑洞呢，那周围有很多水汽，它能数万亿次充满地球上所有的湖泊和海洋，你们不能现在就要回家。”

“我真的想回家，”安妮说，“我以前曾经靠近过黑洞，有我想要的那么近。”安妮和乔治曾经利用 Cosmos 从一个黑洞搭救过安妮的爸爸。那一次是一个邪恶的科学家给了他错误的坐标，他陷入太空中最黑暗地方的中心地带。“我想让你带我们回家。”安妮继续恳求。

“不，”Cosmos 断然拒绝，“在我相信你们的使命已经完成之前，返回地球的门户无法启动。你们必须访问另一个地方以调查太空中的水现象，然后我才能授权你们回程。”

“什么？”安妮低声说，“我从来没听过这个规定。这简直是疯了。”

“即使它不把我们带回家，”乔治喃喃道，“也许我们可以靠近些。”显然，他们不能像以前那样相信 Cosmos，而需要操纵它去做他们想做的事，而不是请求它。

“月亮怎么样？”他建议，“月亮上有水！”

“月亮的黑暗面？”Cosmos 非常不愉快地问道。

“不，”安妮尖锐地说，“如你所知，那不是月亮的黑暗面。我们称之为‘背面’，但我们希望是正面。或者至少，任何有水的地方。”

“现在打开太阳系交通门户。”Cosmos 说道。

熟悉的门户出现在他们面前，在土星反射光的奇怪光彩中闪亮。门向后摆动着，两个朋友能看到门之外昏暗的灰白色的月亮表面，山脉之后一片清晰的黑色天空。

“快，”乔治渴望离开，去任何地方都比这儿好，“在 Cosmos 改变主意，决定我们应该永远留在土卫二之前，我们快离开吧。”

他们跳上了一块月球表面，发现自己位于这个地球友好小卫星的极地。

“哇！”乔治说，当他踏上月球时，“这真是太棒了！”有一会儿，他忘记了能从土卫二的可怕危险中逃出，正是由于那台态度突然变坏并拥有控制欲的电脑否决了他想回地球的通行。只几秒，站在月球上的纯粹乐趣就让他狂喜，他伸出双臂，体验着太空旅行的奇妙和发现的快乐。

尽管她曾很想访问月球，并无休止地缠着别人来听自己的愿望，但安妮并不像她的朋友一样全身心地享受登月。她仍然集中注

月球的暗面

听起来，月亮的暗面应该总是夜晚，但任何一个友好的天文学家都会告诉你这不是真的。首先，天文学家不谈论黑暗的一面。他们把它称为月球的背面，因为月球的背面，就像我们在地球上一样，也有白天和夜晚。

当我们仰望夜空中的月亮，无论身处地球上的任何地方，看起来都很熟悉。我们每次看到的都是相同的面貌，因为我们总能看到月球的正面。那么我们怎么会永远看不到我们的老朋友，月亮的另一面呢？

为什么我们看不到背面呢？

月球在其轴线上自转时又绕地球轨道公转。月球需要 29 天才能完成它围绕地球的一次公转，这和它自转需要花的时间相同。如果月球没有自转，随着地球围绕太阳公转的自转，我们将会看到月球的所有的面，正面和背面。但地球转，月球也转——重力使月球的旋转减慢到目前的速度——这就意味着我们总是看到月球同样的面。

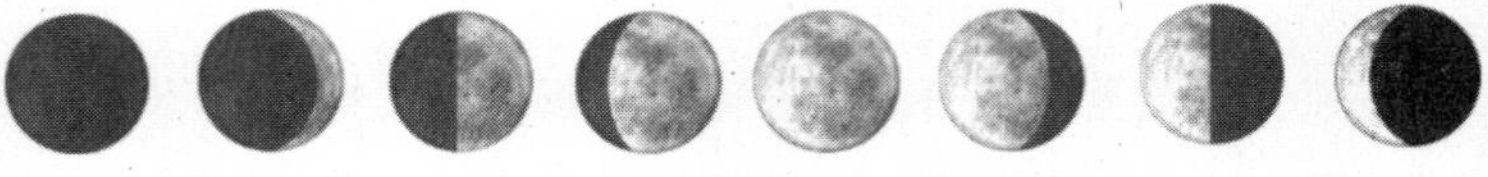

月相

地球和月球在它们围绕太阳轨道上的位置给了我们月相。

当月亮在地球和太阳之间时，我们称之为新月。从地球上看，月亮看起来暗，因为那时它的正面不被太阳照射，那样的夜晚我们称之为朔。

当地球在太阳和月亮之间时，就是满月。如果你站在月球的正面，我们可能从地球上看到你，就像在太阴日站在中午的阳光下一样！

虽然我们不能看到月亮的背面，但宇航员访问过，其中的一个宇航员说，月亮的背面使他想起孩童时的沙坑。

意当下的处境。“我们现在在哪里？”她用无线通话对 Cosmos 说。

“你们在月球的极点，那儿有一连串的火山口，里面有水和冰。”Cosmos 仍以不愉快的口气说道。

“谢谢你，Cosmos，”安妮静静地说，“虽然我一直都想站在月球上，但我不得不说，这不会是我最喜欢的太空之旅。而且我想看到的对我的化学题目已经足够了。”她的靴子擦了擦地面，灰尘和冰的碎片向上飘。“我现在毫无疑问地知道太空中有水，我有很多要写的。这意味着你可以带我们回家了！请你这样做吧。”她补充道，她知道 Cosmos——至少是以前那个化身——赞赏礼貌。

“十分钟内，”电脑说，现在是以很小的机械般的声音说，“九分五十九秒，九分五十八秒……”

“这十分钟里，我们做什么呢？”乔治好奇。他知道听起来十分钟并不长，但当你被困在太空，无法回家时，甚至几秒就感觉好像一千年。

“废掉他的命令，这样我们才能快点回家！”安妮听起来很恐慌，“等等！看你的后面！”

乔治很快地转过身，大喘了一口气。片刻前还是尘土飞扬的空荡荡的月球上，他看到了一辆类似小轿车的东西在远山的露头，落在月亮的山脉的微弱光线中，黑色的天空衬托出那个东西的轮廓。

“这是一个月球探险车！”安妮惊呼道，“它一定是探险月球后留下的。但它为什么在动？谁在开动它？”她现在听起来很抓狂了。

乔治惊呆了，他定在那里，嘴在太空头盔里大大张开。“没事儿，”他试图让她放心，“他们肯定在几英里之外。如果 Cosmos 构建好太空门户，我们可以在它们到达之前就离开。如果它不想在陨

石坑里翻车，它还要很久才能走过那些陨石坑。”

但他没有预料到下面会是什么。那个探险车的门打开了，两个光滑的大机器人跳了出来，它们立即向这两个小朋友走来，它们步伐大而长，而且目标明确。

而地球上的 Cosmos 似乎并没有被惊动。“八分三十秒，”它还在说，“八分二十九秒…… ”。

“快点，Cosmos！”安妮大声叫道。

机器人快速前进；他们都是银色的，非常长的腿和手臂附着在一个短而强大的身体上。它们的头是方形的，甚至从远处那姿态也可看出它们来势汹汹。随着移动，它们的手臂与强壮的腿同时挥动着。看起来它们不像任何在月球漫步的人想遭遇的机器人。它们前进，前进着，前进中，它们的靴子踏碎了月亮岩石。

但 Cosmos 漫不经心地回答着：“八分二十八秒，八分二十七秒…… ”

“它不理我们！”安妮沮丧地说，“我想它想让那些机器人抓我们！”

“我不知道它们是什么，”乔治说，“但我不喜欢这样，安妮，你能想出另外一种方式让我们离开这里吗？”

“不能，等等，我有了一个想法！ Ebot！”安妮试图用特殊的眼镜召唤那个类人机器人。“真烦！”在太空头盔里，她疯狂地转眼睛，扭眉毛，试图激活眼睛凝视技术，这样才能提醒 Ebot 开始运作。她设法改变他的视野，但他似乎已经回去睡觉了。

“为什么不起作用？”她沮丧地喊起来，“以前很容易啊！”

“八分二秒…… ”Cosmos 毫无帮助地说。

乔治意识到，鉴于机器人现在靠近的速度，在 Cosmos 打开返回太空门户之前，它们轻而易举就能抓到他们。唯有 Cosmos 开放门户，他推理出除此之外没地方可逃。他必须奋起战斗。乔治挺身而出，准备面对机器人。

做出决定后，乔治感到非常平静。他知道这是他展示勇气的时候，那他就这么做。他会站在这儿一直等到机器人来，然后是男人对决机器人。他已经准备好了。

在他身后，安妮仍试图联系 Ebot。在他前面，其中一个机器人正跳过一个巨大的洞，它跌倒了，在火山口里摔得粉碎。但另一个伸出双臂继续前进着。它还有很长的路要走，但每一步都更接近他们了。

然而，就在此刻，安妮扭动眉毛，控制了 Ebot：她激活他开始行动。通过特制眼镜里的命令菜单，包括一系列有用的命令，以及埃里克定制的，她设法使 Ebot 在埃里克的书房里站起来，走向 Cosmos。但当它来到电脑前，安妮发现已经用完了菜单上的选择，她不能让它做别的事情。她使一个地球上的类人机器人站在一个生气的，对她毫无帮助的电脑前，但却无法将两者连接起来。

“我不知道该怎么办！”她绝望地对乔治说，“我不知道如何让 Ebot 的手工作！”

“我知道！”乔治的太空手套里戴着触觉手套。他在她面前挥挥手，而安妮则透过 Ebot 的眼睛看着类人机器人复制这个动作。“你知道如何废除 Cosmos 的指令吗？”他问安妮，并恐惧地瞟一眼正在无情地向前挺进的机器人。

“不真知道，”她承认，“但如果你尝试以随机组合按键，这可能足够让 Cosmos 走出目前陷入的自动功能。”

“我试试。”乔治说。他扭动着手指，好像在按电脑键盘，“如果我能看到我在做什么，这将会有帮助。”

“我不能脱掉我的头盔给你眼镜！”安妮说，“如果那样，我的头会爆炸！”不过，她可以在父亲的书房里看到现场情况。她可以看到，乔治和 Ebot 在 Cosmos 键盘上的共同努力并未奏效。Ebot 的手指刚刚划过键盘，却没有任何影响。

“再试一次，”安妮指示，“更慢些，假装你一次按一个键，但要一直做下去。”

乔治的双手放在胸前的空中，从容不迫地动着每个手指。

当他这样做时，在 360,000 千米（或者 225,000 千米）远的地球上，Ebot 按着一系列 Cosmos 键。

远处，那个奇怪的机器人继续前进，月球的低重力帮助其更快速地走过月球表面。

这一次，令人惊讶的是，似乎乔治和 Ebot 在键盘上的随机动作有了效果。“取消时间锁定，”Cosmos 宣布，它仍然用机械的声音说，但至少说了他们想听的话，“门户命令已被恢复。”

“哇！”安妮说，那熟悉的门形状开始在他们面前构成。“那是太空门户！我们成功了，乔治！我们会及时离开这儿了！”

他们瞥了一眼正在接近的机器人；在机器人能到达之前，仅余下让门户稳定下来的时间。

安妮拥抱乔治庆贺胜利，但当她拥抱时，从他肩膀上，她注意到了什么并惊恐地叫起来：“啊，天啊！你宇航服背面有一道红光。机器人看到你了！”

突然间机器人加速了。“它锁定你了！”她尖叫起来，“如果它试图射杀你，你逃不掉的！”

机器人越来越近了，现在他们可以看到，那不是手，手臂末端是巨钳，其中一只直接瞄准着乔治，好像能从中发射出什么。从机器人的姿态，他们可以看到它的愤怒和决心。机器人沉重的双脚踩在地面上时，他们能看到地面震动。与此同时，太空门户逐渐凝固成光束。

正当机器人向乔治伸手时，门户的门也摆动回去；通过它，他们看到了埃里克的书房，地球和安全。

“乔治！”安妮尖叫着，在机器人将他抓起来之前，她猛推了他一把，她随着他翻滚过去，穿过门户，在机器人试图穿过时，门开始关上。

乔治转过身来，在门户关闭之前，他看了机器人那丑陋、威胁的面孔一眼，他注意到以前没注意的：机器人脸部的一侧印着三个字母：IAM。不仅如此，当他们通过门户时，通过太空盔中的发射器，乔治听到一个奇怪的机器人声音：

“QED，贝利斯教授，QED。”然后太空的门关闭，将机器人留在了另一边。

第八章

两个小朋友躺在地板上，因探险绝对的恐怖和兴奋，他们的心怦怦直跳。最后，他们设法站起来，不仅喘不过气，而且需要重新适应地球引力，那比月球强得多。每当他们从太空回到地球时，都会经历地球重力的冲击；但每次他们又忘记了，直到再次发生。

“嗯，我想我们发现了所需要了解的太空中的水，对吧？”安妮说，她蠕动着脱下宇航服。她试图听起来正常，但一脱下头盔，乔治就看到她蓝色的眼睛瞪得大大的。

她直奔 Cosmos，打开了一个新文件，开始输入：WRATE。

“那是超级可怕！”乔治说，“安妮，在门关上之前，我听到一个声音说：‘QED，贝利斯教授！’这究竟是何种意思？”

“嗯，那意思是类似‘已经证明了’，不是吗？”她告诉他，“我想我听爸爸说过。但为什么月球上的机器人会对你说呢？没意义，毫无意义啊。”

突然间，他们有了同样的想法：他们的眼睛转向 Cosmos，它无辜地坐在埃里克的桌子上，仿佛自从他们结为密友以来，Cosmos 的宇宙就没有什么变化。

乔治有些焦虑，这台电脑其实在听他们的谈话吗？在它面前说

话安全吗？他们俩都不再说话。很难相信 Cosmos 曾经试图……乔治甚至不能开始思考它本来可能要对他们做的事儿。肯定不可能吗？但在审视证据之后，他想 Cosmos 置他们于一个爆发着的冰火山的顶上，然后将他们转移到月球上，那里由气势汹汹的机器人控制，那些机器人似乎对入侵者感到非常愤怒。

“现在做什么？”他小心翼翼地问。

Cosmos 回答：“你不是要写出关于太空水的研究记录吗？”它对安妮说，“毕竟你的项目有时间限制。”仍然不是它以前的声音；它现在说得很顺溜，但不知何故更有几分威胁的口吻。在屏幕上，它将安妮的 WRATE 改为 WATER。

“是的，我当然要这么做。”安妮轻声说。她看起来似乎无法决定，是否继续她心爱的项目，还是尖叫着从房间里跑出来。

乔治很吃惊，在土星的卫星上，他们几乎被火山喷出的水煮熟，现在却在谈论学校作业，似乎太快了。在埃里克的办公室里，适应地球上的生活不那么容易，而与 Cosmos 聊天，就像一切正常似的。

“肯定。”Cosmos 同意。 Ebot 回去坐在角落里，看起来像一个被废弃的巨型娃娃。

安妮和乔治困惑地相互看了一眼。

“我们最好按 Cosmos 说的去做，”安妮低声说，“这可能会让我们了解它到底是怎么回事。”

她开始说话，她说的时候，Cosmos 在屏幕上写下她的话。“水，”她说，“是一个由两个氢原子和一个氧原子组成的分子。它形成于……”她停了下来，“水怎么形成的？”她问。

“它是由恒星制造的，不是吗？”乔治说，“正确吗？ Cosmos ？”

如果他开始与超级计算机谈话，那么也许能弄清他们了解和热爱的 Cosmos 到底发生了什么。这就像一场恐怖电影的场景，孩子们试图安抚一个危险的疯子，以便赢得时间，获得某种救援计划。

“是的。”Cosmos 同意，现在听起来稍微友好一些，因为他们在谈它的专业话题：宇宙和其中的一切。“宇宙中大部分的水是在恒星形成过程中形成的，周围的高压和高温会将氢和氧原子压在一起。水占地球表面的百分之七十一；有这么多的水，因此我们从来没有必要再造水。但没有人确知为何水在这里。”

突然，乔治有了一个想法。他不完全确定是否有效，但他以为值得一试。如果安妮可以使 Cosmos 不闲着，他就能检查一下计算机系统，看看到底怎么回事，是否可以修理。他们的朋友艾米特曾经来过一个夏天，他从他那里和信息技术课上学了很多，虽然他没有像艾米特那样具有计算机天赋，但值得一试。四下看看，他找到

了一张纸和一支凑合的笔。

他潦草地写下信息，并给安妮看：让它一直说话！给我你的手机。

“呃，Cosmos？”安妮勇敢地说着，把手机推送给乔治，“为什么水很重要？”

“啊，水，”Cosmos热情地回答说，“就你们人类而言，它是最重要的分子之一，尽我们所知的生命没有水则是不可能的。身体的大约百分之六十是由水构成的，如果没水，人就只能生存几天。这是因为身体里的大量化学物质需要水才能工作。植物成长也需要水。”

“是的，没错，”现在安妮以最迷人的姿态说着，“这点讲得好，Cosmos，聪明的朋友。”Cosmos说话时，乔治已经谨慎地将备用硬盘插入笔记本电脑，又将安妮的手机连到贝利斯家的无线网络上——试图远程登录到Cosmos，以搜索它的系统出问题的迹象。他示意安妮保持与电脑交谈，希望这会分散它注意到乔治的行动。

“Cosmos，水和生命之间有什么联系？”安妮全神贯注地盯着屏幕。

“我很高兴你问。”电脑回答。非常幸运，Cosmos似乎太想解释问题，对乔治所做的事没有反应，“事实上，水对生命是如此重要，人们在其他行星上寻找生命，首先就要检查水存在的证据。如果没有水，几乎可以肯定，那里没有生命。建立生命的基石的化学物质要在水中，没有水，生命分子不容易制造。”

“谢谢你。”安妮看着乔治，希望他现在已经成功了。但正当她这样做时，走廊里有了动静。突然间他们两人意识到已经是晚上

了！他们都说不清在太空中待了多久，但当他们出发探索时，地球上的这一天似乎已经过完了。

“为什么汽车外面装满了被子和瓶装水？”埃里克问。

“我有些消息。”他们听到苏珊回答。她的声音比平时更高，好像她不相信那些话是她说出来的。

“你将会很兴奋，我知道…… 我的家人要来了。”

“你的家人？”埃里克的怀疑甚至透过了墙壁，“你家来多少人？”

“嗯，所有的人都来，”苏珊突然歇斯底里地大笑，“他们在互联网上获得免费航班，现在在澳大利亚来这里的路上！”

“哦，不，你是在开玩笑吧！”埃里克惊恐地说，“你的全家人！我做了什么该受这个？”

他们这样说着，一起冲进书房。而安妮和乔治正谦卑地坐在Cosmos 前，屏幕上显示着她的化学作业。

无论作为科学家还是老师，埃里克都会情不自禁地读那几行：

“一个氧与两个氢连接形成 H_2O…… 优秀。”他赞许地嘟囔着。“做得好，你们两个——很高兴看到你们努力工作。你们真幸运，其余的世界已经乱成一团，我真没办法把它厘清。”

“哦，是的，做得好。”安妮的妈妈说，她欣赏屏幕上的作业。“至少我不必担心你和乔治。这真是解脱。如果我现在还有其他任何压力，我想我会疯了！外面混乱不堪，购物时真可怕。我不敢相信其他人还有九个家庭成员从澳大利亚来，但人们都在购物，就好像他们也有那么多亲戚来似的。有人竟然指责我是囤积者！”

安妮和乔治交换眼神，叹了口气。显然成年人也帮不上忙。

“爸爸…… ”安妮说。埃里克正在书房里忙着翻找各个抽屉。

“到底是怎么回事？”

“安妮，老实说，我们也不知道，”他说，“世界各地的计算机系统都偶然地发生故障，没人能找出原因。最好的猜测是，无论如何，所有互联网安全都被破坏，信息被拦截，发出恶意指令——产生了非同寻常的结果。”

“就像？”安妮说，“免费航班？”

“是的，但也有开启沙漠里大坝的闸门，”埃里克说，“大坝的电脑系统命令开门，造成了洪水。无人机——你知道的，军队使用的电脑化飞机——拒绝起飞。一大堆计算机网络都停了——就是人们互相在线聊天的那些网络。但与其他一切相比，那可能不是那么糟糕，食品运输正在受到影响，我们担心电力供应可能会是下一个。”

“你认为有人正在入侵世界各地的所有电脑吗？”乔治道。

“我们不知道！”埃里克爆发出笑声，听起来压力很大——当事情真的不那么有趣时，他就是那么笑。“真的令人难以置信。但看起来世界上每个系统都被黑客入侵！面对面说话是现在唯一的安全沟通形式！”

“甚至连手机都？”安妮说。

“嗯，”埃里克确认，“一切。似乎世界上每一个系统都是脆弱的。”他拔掉了 Cosmos 的备用硬盘，就是乔治曾用来检查 Cosmos 系统的那个。“我带上它，以便不在时需要参考 Cosmos 里的东西。”

“谁能这样入侵？”乔治想。

“我们不知道，”埃里克清醒地说，“这可能是个人，也可能是一个流氓国家，或者是一个公司。有些人认为，鉴于目标的随机性，

实际上也可能是太空的天气，还有人猜测是外星人干扰，——我们无法追踪到任何地球上的信号。”

“你觉得呢？”乔治说。

“我？恐怕我的假设不是很受欢迎，”埃里克做了个鬼脸，“我认为有人设法开发了量子计算机，并且正在利用它来破解地球上的每个系统。但是，它是谁，怎么做到那些我们自己还不能做的，我不能告诉你，因为我根本不知道，但我不喜欢它…… 一点儿都不喜欢，现在我要走了。”

“去哪里？”安妮喊道。

埃里克叹了口气，摸摸她的头发，吻了她的额头。“我甚至不能告诉你。外面有车等着我。”

“但我相信你们在这里是安全的，我们将在几小时内把这件事弄清楚。”

“但我们该怎么办？”安妮问。

“嗯…… 做你的化学项目！”埃里克回答，“我回家时，你就做完了，我期待读它。”他停下来，在 Cosmos 的键盘上输入了几个命令。“我允许你用 Cosmos 做化学作业…… 但是为了确保你的安全，我消除了其他功能的访问权限。它只能提供有关家庭作业的服务。如果真有恶意电脑黑客的话，我不能想象那会引起其兴趣。”

乔治感到心一沉。

“等等！”安妮说，“你不带 Cosmos？或 Ebot 吗？”

量子计算机

计算机已经成为我们日常生活中几乎所有方面的一个不可分的部分。今天，我们的家和汽车都有电脑，我们大多数人随身携带一个移动设备。通过理解和掌握周边世界的性能，技术革命成为可能。理解这个的核心是数学。

数学家面临的挑战

1900 年，德国数学家大卫 · 希尔伯特提出了数学家需要解决的 23 个问题。英国数学家艾伦 · 图灵着手解决其中的一个问题，这个问题是：是否能在有限的时间内总能证明一个数学命题是真的，他提出了构建一个假设的机器以机械方式导出定理。这台机器被称为图灵机，这就是当今经典电脑的蓝图。

古典的与量子的对比

科学家如伽利略、牛顿、麦克斯韦等人把我们周围的世界描述到很高的精度，提出了经典力学的理论。但当科学家开始研究原子和分子尺度时，古典的方法就不再适用了，而需要一套新的理论和规则：量子力学。

这些规则与古典力学非常不同。例如，叠加原理指出，如果 A 是量子力学方程的解，而 B 也是解，那么 A + B 也是一个解。这意味着什么？在电子的情况下，这意味着如果我们有一个电子在这里的解，和另一个电子在那里的解，我们就可以同时具有一个电子在这里和那里的解。将这种可能性推向极限，导致物理学家薛定谔证明，在量子层面，我们可以看到一只猫同时存活与死亡，这在我们的尺度下肯定没有看到这类现象！

使用量子原理与计算机

1. 首先，我们将一比特信息转换为一量子比特，或者简称量子位——而这可被编码到在同时的态 0 和态 1 的叠加中！

2. 如果我们有两个量子位，那么它们因此被编码到四个态：00，01，10 和 11 的叠加中。现在想象三个量子位：000，001… 111，共有八个态。

3. 你可以看到态数量随着量子位的数量呈指数增长。只要将经典的“或”

（0或1）改为量子“和”（0和1），我们的计算能力就会指数般地增长！

4. 这意味着如果我们改变计算的规则，就可以发展新的算法并大大改变我们能解决的问题的类型，尽管量子计算机不一定对所有问题都有优势。

5. 因此对于某些问题，量子计算机是强大的设备。量子算法的一个例子是将一个大数因子分解为两个素数乘积——这是经典计算机的困难问题，也是今天大多数网络安全的基础——量子计算机能够轻松解决因数分解问题，并且可以解密。量子算法也将适用于其他复杂的学科，如材料科学（我们要创造新的量子材料并理解其性能）、化学（预言大原子和大分子的行为，并将其应用于药物设计等）、医疗保健（建造新的传感器），还有更多我们还没有想到的。这些原理允许我们开发新的语言，那是和诸如原子以及分子的量子粒子交流的正常的语言。

量子力学是理解我们世界的构建基石的一个关键。量子信息科学为我们提供了令人难以置信的机会，利用量子力学的力量来开发令人难以置信的技术，如量子计算机、量子密码术、量子传感器等，还有更多今天还不能想象的东西。

雷蒙

“不，我不带，”埃里克说，“我将不留电子痕迹地旅行。”

说着，他奔出书房，急迫热心地追寻着另一个伟大的科学之谜，他希望能赶在其他人前面解决。他沿着走廊走去，碰到了他的妻子；他试图拥抱她却不成——她正在拿着一堆备用的床上用品，因此他的手臂够不到她。于是他仅仅亲吻了一下她的鼻尖，然后从前门消失了。

“安妮！”苏珊叫着，“你能来帮我吗？我们需要铺很多床。”

“他们为什么不在花园里露营？”安妮说，“天不冷，他们总是在视频里说他们在内陆的冒险经历。”

“很棒的主意！”她的妈妈说，“你能找到帐篷，搭起来吗？”

“能，留给我干吧！”安妮回答。

乔治静静地对她说：“我们没问你的爸爸关于 IAM 和机器人，或者 QED，或 Cosmos，我们没有机会问他任何问题！”

“我知道！”她听起来很懊恼，“但我们能怎么办？他在这里，然后他就走了，我们不能当着 Cosmos 的面真跟他说些什么。”

“而且，”乔治说，“他拿了我用来检查 Cosmos 的硬盘。我们本可以知道它是否被黑客入侵，它是否因此而变得很奇怪。但现在我们无法确定了……”

“你最好走吧，”安妮说，“除非你想在我家花园里帮忙搭帐篷。我们稍后再见，你走后，我会看看我能找到什么。”

乔治回到家，他爸妈看起来很困惑。桌子上摆着妈妈黛西的面包，他们正在认真研究着。他等着解释，但他们只是站在那里，盯着桌子上那个烤过的看起来非常坚实的矩形面包。

“呃，爸爸妈妈……”乔治说。家里不吵闹，他意识到双胞胎肯

定已经上床了。“请问你们为什么站在那里盯着一块面包？”

“我们想知道，”特伦斯说，“为什么今早有人要用一千英镑换这块面包。”

“你没卖吗？”乔治喊道，“这肯定是一生中唯一的一次机会！”

“我不确定，”他的妈妈轻声说，“今天该我们去合作社，不断有人拿着一手推车的钱来购买我们的食物。”

“但合作社不收钱！”乔治说。这是他父母参与的一个尝试项目：人们交换货物和服务，但不涉及金钱。

“我们就是那么说的啊，”特伦斯回答，“但看起来其他地方好像没有食物！”

“所以现在人们从银行机器上拿到了很多钱，”黛西补充道，“没

地方花！因此我们决定不卖这面包，因为钱似乎没有任何价值。”

“我们根本无法理解有人想在你妈妈的这块面包上花一千英镑！”特伦斯以一种罕见的幽默说着。

此刻，一声轻轻的嘶声和噗噗声，房子里的灯都熄灭了。他们三个人站在黑暗中。“小孩子！”黛西喊起来，试图摸索着走向楼梯。

“他们没事，”特伦斯安慰她，“只是停电。或者也许是我的风力发电板松开了。”乔治的家人试图用自己的风力发电机生产能量，但他们仍然连接到电网上。

陷在黑暗中，乔治找到后门向外眺望。唯一的光来自天空中的星星。他意识到肯定很晚了。“星星无处不在！”他大声说。整个狐桥镇都没有灯光。乔治条件反射地想到这将是一个很棒的拍摄土星的夜晚，根本不会有一点儿灯光污染。但他没有太多时间来想这件事，他爸爸决定采取行动了。

“乔治，”他宣布道，“我要上房顶，需要你帮忙。我要检查一下涡轮。它应该已经开始转动，却没有，所以一定有问题。即使是停电，我们也应该生产足够的电力，使灯光恢复正常。”

在黑暗的房子里，用乔治的口袋手电筒找路是令人惊讶的幽灵般的经历。在黑暗中，甚至连熟悉的物体看起来也挺可怕的。乔治的爸爸的工具箱看起来像是张开嘴，要整个把他爸爸吞下。楼梯像德拉古拉城堡里的飞梯。站立的多抽屉柜子隐约好似墓碑，钟表的嘀嗒声听起来像厄运临头的钟声。乔治很高兴他爸爸走在前面，万一真有什么可怕的东西跳出来，自己可以藏在他身后。即使是他妹妹温柔的鼾声也开始听起来像是在等待猎物的僵尸的呼吸……

在楼上，他们踮脚走过双胞胎的卧室，从窗户出来爬上屋顶。

乔治看到他爸爸是对的—— 一个风电板已经松了。

大部分时间发电机工作良好。乔治和他的爸爸对自己的努力感到自豪：涡轮机利用风力在一排铜线圈上转动磁铁，产生适量的电力。当他们真需要它时，它竟然松了，真不给力。

在宽阔的窗台上，乔治保持着平衡，拿着工具箱，他爸爸爬上阁楼上方的屋顶，风板就安在那里。突然间，他看到一道闪烁的光从树屋里射来。他眯起眼睛，试图弄清楚那可能是什么。为什么会有光？毫无道理啊，他再次盯着它，它看起来像是手电筒一开一闭。

“锤子。”特伦斯坐在倾斜的屋顶上发出指示。

乔治乖乖地递给他。他不敢告诉爸爸去看树屋：如果他转身，可能会从屋顶上掉下来。因此乔治默默地看着闪光来了又去了，有时快些，有时慢些。过了一会儿，他意识到它是以一定的模式发射：

慢，慢，慢；快，快，快；慢，慢，慢……

“爸爸？”他小心翼翼地说，这时他父亲把锤子打在自己的拇指上。

“哎哟。”

乔治听到房子另一边传来的声音：一些人正匆匆忙忙地走过。“我在一个网站上看到有人抓住了狼人。”一个人对另一个人说，他的声音在安静的夜空里非常清楚。

“什么？”特伦斯把拇指放在嘴里。

“三个快的，然后三个慢的，再来三个快的手电筒光是什么意思？”

“那是莫尔斯代码，”爸爸从嘴里拿出受伤的拇指说，“这意味着SOS。”

谁会从树屋发送 SOS？

“爸爸，”他随便说，“你知道莫尔斯密码？”

他的父亲正专注于风板，似乎并没想到这是一个奇怪的问题。“我正戴上头灯，”他说道，他打开用松紧带绑在前额的小灯泡，“你的手电筒别到处乱晃。是的，我知道莫尔斯电码。几年前学过。这是你祖父非常热衷的事儿。”

“你能做 D-I-K-U 吗？”当特伦斯把锤子放在一边，乔治急切地问。

“嗯…… 长，短短。”他的爸爸瞄准了无辜的钉子，用锤子依长长短短的方式不断地敲，“短短，长短长，短短长”，他完成了锤击。“你在做什么？”他问乔治，此时乔治正把他的指令用手电筒发出。

乔治诚恳地说：“只是练习。发电机怎么样？”

“就快完成了。”

树屋的答复很快就来了。“短，长。长，短短短，”乔治大声重复着。“爸爸，这是什么意思？”

“呃，让我想想……”特伦斯现在正用嘴含着钉子，他又同时说话。“这是 AB。啊！我想我吞了一个钉子！我呛住了！”

乔治伸手拍爸爸的后背，一根小钉子从他嘴里弹出来。

AB，那是安妮 · 贝利斯从乔治的树屋那里发来的 SOS。

“爸爸，你做完了吗？”乔治很快地用手电筒照着风板，那风板随后再次启动了。

“你着急了？”特伦斯很惊讶地问。乔治解释道：“在灯光恢复之前，我必须去树屋拍土星。”

他通过开着的窗户，走过睡着的妹妹身旁，沿着楼梯走下来，出了后门，攀上梯子到达树屋上。

足以肯定 SOS 正等候在那里。即使在黑暗中，安妮看起来也很恐慌。

“你在屋顶做什么？”她问。

“修理风力发电机，”乔治回答，“和我爸。锤子打了他的拇指，然后又

吞了一根钉子，这就是为什么他大喊大叫。”

“哇，你的家人很奇怪。”安妮挤在乔治的豆袋里，双臂紧紧地缠在膝盖上。

“呃，我觉得你不能说话，”乔治说，“谁叫你有一个假的机器人爸爸？和从澳大利亚搭乘免费航班来的一大票亲戚？”

“好的，”安妮说，“你赢了，无论如何，我们都有些奇怪的地方。”她补充道，此时乔治家的灯光已经亮了，现在那是一排房子唯一亮着的。“你们以另一种方式赢了。你们可能是狐桥镇唯一有电的人。”

“这只是停电，”乔治说，“不是吗？”

“我不知道！爸爸说不要使用互联网，所以我不能查其他地方发生了什么。你还记得，他说我们也不应该使用手机，但我不知道我们是否能用——我的信号不断地消失。”

“这是为什么你用莫尔斯电码给我发消息，”乔治问，“从我自己的树屋里？”

“是的，”安妮说，“我以为会像 WhatsApp，老派！谜式短信。我不知道你是否会破解，但你破解了！”

乔治从树屋里望出去。看不见一盏路灯或房子（除了他自己家的），办公室或餐厅亮着灯。整个城镇都在黑暗中。

“真的吗？”他说，“我们是狐桥镇唯一有电力的房子？”在别的

房子里，灯光逐渐亮了，但它们很暗——蜡烛闪烁的光，而不是电灯泡发出的光。“发生什么事，安妮？”他在黑暗中向她转过身去，“这是怎么回事？”

“我不知道……”她说，看起来很严肃，“但我不喜欢。月球上的机器人也是如此…… 它以前是什么？属于谁的？”

“那是不好！”乔治说，“也不友善，这是肯定的。它超级怪异，似乎是冲着我来的。为什么机器人要抓我？我只是个孩子！而谁是 IAM，还有什么是 IAM，它在太空做什么？”

“在你回家后，Cosmos 说了一些话，”安妮说，“这就是我想告诉你的…… 我们太空旅行的任务报告在屏幕上出现了——爸爸留下的好作业！无论如何，它表明我已经在太空行走了。但说到你，它没有把你作为乔治 · 格林比列出，报告中说是埃里克 · 贝利斯曾在太空。”

“因为我穿着你爸爸的宇航服，看起来似乎是他进了太空，对吧？”乔治说，“就像我当初说的。”

“嗯，”安妮说，“但这么想——甚至 Cosmos 似乎都没意识到那不是爸爸。所以如果有人正在通过 Cosmos 的系统观看，他们会看到埃里克 · 贝利斯进入了太空。”

“所以机器人就盯着我了，”乔治沉思着，“其实是为了追你爸爸？我们需要告诉他！”

“是的，但怎么告诉他？”安妮问，“我们怎样才能告诉他呢？他让我们不要使用任何通信设备。”

“他说他只会走几小时，”听起来乔治也不确定，“所以也许他回来时，我们可以告诉他？”

如果照明灯都熄灭了会发生什么？

如果所有的灯都突然熄灭，会是什么样子？因为没有电力，你能想象生活在黑暗中吗，想象一下，如果你不得不在太阳下山时睡觉——在北半球的一些地方，在冬天下午四点左右就要上床睡觉！天文学家可能会很高兴，因为没有电光意味着没有轻微的光污染干扰他们观察夜空，但他们可能会发现日常生活更加棘手！

为什么可能会停电

有很多原因导致影响地球的大面积的停电。

- 恐怖主义行为或战争中的事件可能会摧毁发电站。
- 随着地球上越来越多的人使用大量电力，我们可能会面临供应问题。
- 地球上的恶劣天气，也经常导致数以千计的家庭失去电力供应。

太阳的重要性

但是，不仅地球上的天气可以使你的家庭夜晚无电力变黑暗，现在专家认为，太空天气可能会在未来几年内严重影响我们的电力供应。当然，我们从太阳那里得到了光。但太阳也可以干扰我们的天气。日冕大量抛射（CME）——当太阳射出太阳物质和能量时，可能会导致磁暴或辐射水平的上升。这些可能会破坏地球上的电力网络和无线电通信。

日冕大量抛射经常发生在太阳最活跃期间，最活跃的太阳活动的时间以十一年为一个周期。研究太阳的科学家认为，地球处于 2013 年至 2015 年之间的太阳活跃期间。这非常适合观赏北极光，这是由太阳风相互作用的电子和质子，与大气中的气体交互作用引起特别壮观的北面天空彩色的光。但太阳最活跃期可能会导致地球上的电力问题。

这样…… 如果灯都熄灭了，生活可能会成什么样子呢？

光

人类在电灯泡发明之前很久就存在了！所以没有电，我们也能过日子。我

如果照明灯都熄灭了会发生什么？

们可以用蜡烛或油灯照明。现代技术还为我们提供了停电期间可以使用的电池或太阳能灯。但是，一旦太阳落山，光线要比我们习惯的少得多。而且我们必须小心，不要耗尽那些提供照明的物品，特别是如果我们不知道停电可能持续多久。

热

我们很多人依靠电力来保暖。即使有燃气锅炉的人，也需要用电点燃，否则家中没有暖气。我们中许多人用电煮饭，所以我们必须再想一想如何做一顿热饭。即使在寒冷的温度下，为了食物保鲜，如果冰箱或冰柜不工作也将成为一个挑战。用木柴燃烧的炉子和大量的原木，我们可以挤在炉旁一起保暖。我们必须多穿衣服，早点睡觉……

水

你可能根本没有水！即使你还有自来水，很快水就不干净，不能喝了。没有电力，大量的净水厂和污水处理厂将停止工作。所以你必须将水过滤后煮沸，才能变得足够纯净，才能喝。你必须给水加热以洗澡洗衣——你必须手工做，因为机器都不工作。

娱乐

我们可以通过手电筒来玩填字游戏（那是棋盘游戏，而不是在线版），穿着冬天的大衣，晚上坐在木材或煤火上，吃着在火上加热的罐头食物！但我们无法看电视或玩电脑游戏。你的手机很快就会没电，除非你有太阳能充电器。你可能还能使用固定电话，因为电话系统的电网与电力电网不同。如果你有收音机，你可以听听，这将是获取新闻和更新消息的好方法。

地球上的大多数人，没有电的生活将会是非常不同！当你拨动开关时没有电流，你觉得你的生活会如何改变？

“如果那时他还没被一个疯狂的‘IAM’机器人抓住。”安妮黯然地说。

“也许机器人不能来到地球，”乔治说，“也许他们只能住在月球上，这意味着他们不能抓住你爸，只要他不进入太空的话……”

“但是我们不知道！你只是自说自话！”安妮辩称，“无论如何，谁把那些机器人先放在月球上去的？”

乔治鼓鼓嘴巴，“谁干的呢？”

“如果我们不告诉他我们所知道的，爸爸怎么知道那是谁呢？”安妮说，“现在月球上有一些想要绑架他的超级生气的机器人。他们肯定是由某种技术天才操作的，可能就是弄乱地球上所有计算机系统的那些人。目前为止，你不觉得这是爸爸考虑的非常重要的线索吗？”

“是的，我也这么想！”乔治奇怪自己为什么觉得在与安妮争论，但实际同意她的看法。

“那就是我们需要查明的人，”安妮以坚定的声音说，“我们需要找出拥有那些机器人的人，假如他就是让黑客入侵地球系统的人。我们没法联系上爸爸告诉他跟踪 IAM，所以必须自己干。”

此刻，他们听到乔治家传来的另外的尖叫声。现在月亮已经在屋顶后升起，特伦斯站在屋顶上，发光的月亮的白色圆球上映出他的轮廓。乔治想现在会有更多的人认为周围有狼人呢！

“噢！”特伦斯在叫，“哎哟，哎哟！”突然间，他们听到屋里乔治的妹妹们被骚动吵醒。

安妮从树屋里望出去，“他在做什么？”

“我想他一定又打到拇指了，”乔治说，“我最好离开。”

“明天，乔治……”安妮告诉他，“明天，我们必须弄出一个计划。我不知道事情会多糟糕，但我真的不想查明，你呢？”

乔治点了点头。安妮是正确的：在这种情形下，他们不能只希望埃里克解决问题，反败为胜，而他们自己不去做什么。埃里克没有所有的正确信息—— 他不知道月球上的机器人或他们试图抓获他，以及他们拥有 IAM 徽章——乔治意外拍摄神秘太空飞船时也曾看到同样的标记。如果埃里克不知道可怕的机器人正在追踪他，可能很容易就被抓住。无论如何，乔治不能让这种情况发生——不能发生在他的太空观测上……

第九章

第二天，安妮很早就神清气爽地出现在乔治家的后门，她斜背着一个笔记本电脑包。但并不只有她一个人，Ebot 藏在她身后，她的这个机器人和蔼地微笑着。Ebot 穿着宇航服，一只机器人手臂夹着太空帽。

“哦！进来，安妮。”黛西说，随即打开后门。她比平时更加柔和。“进来，埃里克！埃里克……？”她看起来很吃惊，“真的是你爸爸吗？他为什么穿太空衣？”她轻声对安妮说，“他为什么看起来很奇怪？他看起来相当的……塑料！”

乔治家里仍然很安静：他正和母亲一起吃早餐，在昨晚被打扰之后，双胞胎还睡在楼上。

“嗨，安妮！”乔治说，他穿着睡衣，“嗨，Ebot！”

“不，这是一个类人机器人，爸爸为自己定制的，”安妮解释道，“但它非常像人，我只是带它出去走走，走到路那头，再回来。有几个人经过时还说：‘嗨，埃里克！’提个醒，每个人都匆匆忙忙！今早这么多人都在四处奔忙。我们可以打开收音机吗？G 太太？我家没电，不能查互联网或任何东西。什么都不工作了！”

“你冰箱里的实验怎么样？”乔治问，“如果变热，它们会毁

了吧？”

“可能，”安妮悲伤地说，“其中有些已经死了。但其中一个似乎长得比以前更快。这不是很好——冰箱里已经看起来相当恶心了。”

Ebot 环顾房间，仍然愉快地微笑，然后拉出椅子坐下。

乔治的爸爸来了，看起来很愉快。他抚摸着胡子，一只拇指裹了厚厚的纱布。“嗯，年轻的安妮，”他大声说，“现在我们是狐桥镇少数几个有电的住户。我知道你父亲对我自己制造的风力发电机不怎么以为然，但至少我们还有电。”

乔治已经在调试收音机了。“我们甚至不需要电就能让收音机工作。”他自言自语地说，转动天线，然后打开开关。

无线电新闻播报员的声音来了：“世界各地的食物短缺。”“航空公司意外地免费提供航班后，旅行网络完全崩溃，加上全球现金量突然飙升，意味着物品的价格大幅上涨，股票下跌。报道说满怀希望的购物者用手推车载着现金试图买一袋土豆或一块面包……”

黛西和特伦斯彼此意味深长地看了一眼。“……由于囤积者怕未来几天形势恶化，试图购买所有剩余的粮食库存，供应不足导致激烈战斗。”

“黛西，”乔治的父亲急切地说，“我们合作社的产品呢？”

播音员继续说着，似乎回答了特伦斯的问题，“人们硬闯入食品仓库，这个问题越来越普遍：超市和商店很快就没货，在绝望增加

的时期不能提供足够的食物。但政府官员乞求人民不要恐慌。总理指责世界各地的一系列计算机故障，总理呼吁冷静，并向公众表示，她正在与其他政府合作，期望未来二十四小时内恢复网络。然而，在一些地方，社区领导人已经结合在一起，为需要的人提供食物和住所。在学校、教堂和清真寺等地建立了安全住所，当地居民正努力协助处理这场危机。一群年轻人与父母分开，无法回家，已经到达了自己的避难所——我们的记者跟他们在一起，但为安全起见，不能透露他们在哪里。”

在那一刻，这个公告被打断了，有个与广播无关，与广播完全无关的新的声音在收音机里响起。

“我来救你了……”它说。

乔治听了那声音，他头发都竖起来了，一股寒意快速地蔓延到后脊背。

“我是答案…… 我给你们所需要的东西…… 我是你的救星…… 我是……”

突然间，声音消失了，电台消息再次开始。但乔治和安妮都被广播中断惊呆了。这是什么意思？它从哪里来？

新闻播报恢复了，但听起来有点恐慌，“为服务中断道歉。我们不知道刚才传播的声音来自哪里，是谁。我们现在有国家广播局的官方信息——请不要来我们的办公室！我们的发电机没有太多的电力！我们现在已经关闭了大门，也不让任何人进来。请不要试图开门—— 我们不会开门！我们没有任何更多的——”

广播突然停止，这使乔治和安妮在座位上坐不住了。乔治抓起收音机，再次调试，但什么都听不到。

“黛西，”特伦斯急切地说，“我们必须去合作社拿我们昨天交去的食品。我们必须再次拿到我们自己的食物——我们将需要它！我们现在应该走了，稍后人们就会破门而入拿走所有的东西！”

“那孩子怎么办？”黛西说，“我不应该和他们待在一起吗？去找到一个安全的地方，把我们的食物放在那里，怎么样？我们不应该那样做吗？”

“你和我要去拿食物，”特伦斯坚持说，“然后找一个安全的地方，再回家把孩子们带去。否则，我们在家里的食品不足以应付到危机到来。”

“安妮，你父母在哪儿？”黛西问。

“爸爸和总理在一起，”安妮回答，“妈妈很早就去超市了，但她已经去了很久，因此很快就会回来了，我敢肯定。”

“我们出去时，你们可以照看小孩吗？”黛西说。

特伦斯正在拿帆布袋，以便从合作社带食物回来。

乔治正在想刚刚在收音机上听到的声音：在这些奇怪的声明中，有一个线索就在中断了广播的声明中，他肯定。

“当然可以！”安妮说，她踢了踢乔治。

“什么？哦，是的，当然可以。”乔治说。

“没有时间了，黛西。”特伦斯已一脚跨在门外了，“我们走吧！”

说着，乔治的父母就消失在外面，乔治、安妮和 Ebot 留在厨房里。

一听见门关上，安妮就拿出一台银色笔记本电脑。

“是 Cosmos！”乔治说。这台小电脑看起来多普通，但总让他惊讶。“它在这里干什么？”

“隔壁没电，”安妮说，“它需要充电，所以我把它拿过来。无论如何，我想它可能会很有用。我在想——”

“停一下！”乔治喊道，“再说一遍！”

“隔壁没电……”安妮慢慢重复道。

“不，是下一句！”

“我想它可能——”

“不是这个！下面那句……”

“我在想——”

“我在想（IAM）！”乔治喊道，这是灵光乍现的时刻。

“什么呀？”安妮说，她现在完全被搞糊涂了。

“我在想——像那个无线电广播奇怪的中断，”乔治说，“我是你的救星。这与宇宙飞船上的 IAM 是一样的。这是有联系的。”

“I-A-M，”安妮说，“不是一个特别的什么东西，这是‘IAM’！”

“但那是什么意思？我们还是不知道啊！”

“不，”安妮说，“但我们确知 IAM 是在太空。而我们认为，当你在月球上穿着我爸爸的宇航服，IAM 机器人可能试图抓住你。现在我们从广播中知道 IAM 认为他正在给予地球上的每一个人所需要的。意思是……”

“意思是……”乔治说，试图把它拼凑在一起，“我们猜对了！有个叫 IAM 的在太空中，正在搞乱地球上的所有电脑系统。”

“等等，所有的都是加密的，”安妮说，“一个人绝对不会侵入地球上的每一个系统……会吗？除非是……”

“除非他们有一台量子计算机。”乔治完成了她的话。

“哦，上帝！”安妮说，“你的意思是 IAM 不管是谁——已经做

出了一台量子计算机？”

“也许。那么我们要做什么？我们如何找到 IAM ？我们不能就去太空中寻找他——宇宙是无限的！我们永远不会找到他或者她或者它，或者无论 IAM 真的是什么。”

“我有个想法，”安妮说，“Ebot ？它像爸爸，对吧？据爸爸说，某些技术系统无法区分他和 Ebot 之间的差别。所以如果 IAM 因为你穿我爸爸的宇航服被愚弄，认为你是我爸爸，那么 Ebot 很容易就会被当作我爸爸——至少，发送机器人团队跟着它足够好了。我不知道你怎么想，但我不想让这些机器人跟踪爸爸来到地球，绑架他——我们看到过，那个机器人对我们完全不友好。”

“是，当然不友好。但是我们要怎么做呢？我们如何将 Ebot 当

作埃里克的诱饵？”乔治问。

“我们把 Ebot 送到太空！”安妮得意扬扬地说，“那有很大可能——至少是有可能——IAM 会认为它是爸爸，并用机器人来抓它！”

“那怎么能帮到我们？”乔治感到困惑。他为能跟上安妮的思路感到自豪，不过她也有很多跳跃的想象。这次跟不上她的思路。

他说话时，安妮正忙着解散 Cosmos 的电线。“哪个插头接你的风力发电机？”她问。乔治指着角落里的一个插头。正当这时，他意识到安妮正往那个方向想。

“眼镜！”他叫起来，“那就是你的意思，对吗？ Ebot 进入太空，当它被绑架或者被机器人抓住，我们可以通过特殊眼镜看到，找出 IAM 是谁或什么！甚至知道在哪里！”

“干得好，爱因斯坦！”安妮说，按下 Cosmos 键盘上的电源按钮。

超级计算机从深度睡眠中醒来，暗淡的屏幕变为明亮的矩形。不幸的是，Cosmos 不是此时唯一从睡眠中醒来的。双胞胎大声喧哗着，宣布自己从婴儿床里蹦出来，犹如进化本身，她们无情地不断前进。

“我今天可以帮助你吗？”世界上最聪明的电脑咕哝道。

“它听起来像一个自动电梯，而不是那个怪怪的天才超级计算机。”乔治对安妮耳语道。

“嗯！”她说，“令人毛骨悚然，不是吗？当它突然有礼貌时，我不喜欢它，这太不是它了！哎呀，看哪，乔治，你妹妹过来了！”

朱诺和赫拉自己跑下了最后几级楼梯，快乐地进了厨房。她们

发现 Ebot 站在那里，高兴得尖叫起来，想象他是一个巨大的玩具。她们伸出双臂跑向他，这样一来，必然是触发了 Ebot 的机器人电路上的警报系统，它朝游戏室后退着，女孩们热切地追赶。

“你好，Cosmos，”安妮继续快乐地说着，此刻双胞胎和机器人已离开，“我们要给你一个任务。”

“多激动人心啊，”超级计算机以柔滑的声音说，“但我目前被要求只能帮助你的化学作业。”

“啊，”安妮说，才记起她父亲做的事，“可以废掉命令吗？”

“如果你知道代码去使用那个新安装的废弃功能，”Cosmos 回答，“请继续吧。”

安妮瞪着电脑，然后瞥了一眼乔治，他看起来很沮丧。“我可以尝试所有的键，像 Ebot 做的那样……”她低声说。乔治点点头，她开始随机敲键，就像乔治在太空引导 Ebot 做的那样，但并未奏效。

“想想你的化学题目中有关太空的事情！”乔治小声说，“那么 Cosmos 就不得不打开门户，因为那是你项目的一部分，所以就不需要废弃命令的代码了。”

“好！好想法！好吧，Cosmos，“安妮说，她拖延时间，边想边说着。“我们……需要……在太空找……蛋白质！这是我的化学项目的下一个主题！”

“太空中的蛋白质，”乔治重复，“那绝对是我们要做的。我们有碳和水，现在需要你为我们找一个空间的位置，在那里我们可以识别太空的蛋白质，Cosmos。”

Cosmos 乖乖地打开了太空门户，用光束绘制成矩形，然后填满直至成为一个坚实的门形，它徘徊在乔治家厨房的地板上方。当

门摆回来时，那里面的景色不是乔治家里的任何一处，甚至也不是地球上的任何地方。

门户之外，呈现着那片巨大神秘，未开发的太空，除了极端暴力或特别美丽的斑块之外，它大部分都是空旷的。在某些部分，你可能会安全着陆在一颗遥远的系外行星上，它绕着其他星球而非我们的太阳转动。在其他部分，你可能会穿过巨大的星云。你或者可能会发现自己与宇宙中最明亮、最有活力、最强大的天体之一的类星体爆发的力量搏斗。宇宙本身是危险的，他们以前的太空之旅充满了危险，但至少在那些冒险中，他们能够依靠 Cosmos 帮助摆脱危险。现在超级计算机似乎太希望他们进入太空，这前景有些可怕。

当她和乔治从门廊望向无尽的空间时，安妮深深地呼出一口气："哇！"但是随着 Cosmos 放大它所选择的地点，视野却变得越来越黑暗，迷雾蒙蒙，看起来好像门户进入了尘暴，岩石灰尘以极快的速度飞舞着。

乔治看着大块的碎片飞过去，但它们飞得很近，几乎能伸出手抓住。它们以这么快的速度移动，如果试图抓就会打着手。他惊恐地问 Cosmos："这是哪里？"

Cosmos 冷静地说："这是尘埃盘围绕着的一颗年轻的原恒星，距地球约 375 光年。""在这个盘内部，你将会找到制造安妮所需要的那种蛋白质的基本材料，就是生命构件本身中发现的那种。"

通过门户，他们看到大块岩石相互击碎，在年轻的太阳系混乱和暴力的环境中旋转着。一切都沿着同一个方向行进，但在物质流中，仍有令人震惊的崩溃和强大冲力。

"这就是地球怎样形成的，"安妮喃喃道，"Cosmos 正向我们展

生命构件

生命（植物，动物和人类）以元素“碳”为基础。这是因为碳比其他任何元素能更好地形成非常复杂和稳定的分子。宇宙中存在很多该元素，碳是第四大丰度的元素。这些事实意味着，除含氢的分子之外，已知含有碳的分子比含有所有的其他元素的分子的总数还多。

然而，你不仅需要碳来创造生命。另一个重要的部分是水。人体大约60%是水。这是非常重要的，因为它涉及许多身体发挥作用的过程，并且它是制造生命中复杂分子所需反应的非常好的溶剂。

构成生命的这些复杂分子的非常重要的集合称为氨基酸，它含有碳，氢，氧，氮和硫。人体中只有20种不同的氨基酸，但它们以多种不同的方式合成，形成称为蛋白质的更大的分子。在整个身体里都有这些蛋白质，它们起不同的作用：有助于生成头发，肌肉和韧带；有助于为你身体提供细胞结构；它们在血液中，助你消化；还在你身体中做各种其他重要的工作。

因此，你能看到，如原子那样非常简单的物质，是怎样经过几个步骤，就可以变成像生命那么复杂的东西。

托比

示太阳系如何形成，以及如何获得创造生命的成分。”

“请通过门户！”Cosmos 命令。

“不，谢谢，”乔治很快地说。他或安妮都无法进入那个高速旋转的门户。“喂，Cosmos！我们不能通过门户，我们需要一个靠近太阳系的目的地，我们可以安全地进行太空行走。你可以改变门户的位置吗？”

“不能。”现在 Cosmos 听起来很不高兴了，“我不能打开一个没人通过的门户，那是违反操作规则的。”

“是吗？”安妮惊讶地说，“我以前从没听过这话。”

“现在我在运行一个新的操作系统。”Cosmos 坐实了他们的恐惧，它已不再是那台熟悉喜爱的计算机了。

安妮和乔治恐惧地看着对方，希望他们俩从未想出这个计划。如果他们可以回到从前——只要回去半小时以改变想法就好了。

“开放门户，却没有人通过，这样的行动会让我崩溃，那是致命的错误。”Cosmos 继续道。

看着门外的危险场面，乔治说：“如果我们走出去，那将会是致命的错误。”即使是 Ebot，如果被送入那个咆哮的大锅里，也只能坚持几秒钟。乔治能看到安妮正发疯似的四下看着，她正试图想办法摆脱困境。他的心沉了下去——他知道她现在也不知道该做什么了。

Cosmos 说：“必须有人通过门户。”

此刻，有人，或者说是三个人；又或者是那两个和一个机器人去到了厨房里：双胞胎一起拖着那个笨拙的 Ebot。

“吃早饭。”赫拉以非常确定的语调说道，她放开了紧拽着 Ebot

的手。

“哦，”朱诺指着门口说，“砂子！”

“我们不能去。”乔治坚定地对 Cosmos 说。也许他只需要坚持，也许他可以通过理性争辩战胜电脑。“我们不能将任何人或任何东西通过门户发送到那个地方去，你完全清楚，Cosmos。”

当赫拉在它的脚上跳上跳下时，Ebot 亲切地微笑着。它的手现在自由了，它一定在什么地方放下了太空帽。朱诺仍对门户那边的东西着迷。

指着岩石旋转而去的地方，她满怀希望地问安妮：“建个沙堡？”

“不行，朱诺，”安妮说，把小女孩放在腿上，紧紧地抱着，“小孩子不可以去太空。”

Cosmos 威胁地说：“一名太空乘客必须经过门户。如果没有实体通过，系统将会爆炸！”

安妮很伤心地看着 Ebot，他正用踢踏舞舞步逗着赫拉，赫拉试图绊倒它，它把脚甩开了。

“可笑，”她对乔治说，“我想把它送到太空之前，并没在乎 Ebot 会发生什么。但现在，这让我真的感觉很惨，就像我们送它去死，那不公平。”

乔治理性地说：“它不是活的，所以它实际上也不会死。”但他同意安妮。“我们还是不能让它通过门户。首先那是错误的；如果 Ebot 被毁了，我们想了解发生了什么的机会就更少了。”

“谁要进入太空？”Cosmos 的声音听起来很可怕，所有听到那种声音的人都毛骨悚然。甚至那两个小宝宝都发抖了；朱诺把安妮抱得更紧了，赫拉就挂在 Ebot 的腿上。

“如果没人进入太空，我会爆炸，我会将整个房子炸掉，无人幸免于难。”

安妮惊讶地张大嘴，乔治的眼睛瞪得像弹球那么圆。他咽了一口唾液，“炸掉整个房子？”他不相信地说，“你不会的，你不能那样做！”那一刻，他想象如果房子爆炸了，街上的所有的房子都会跟着爆炸，那会出现多米诺骨牌效应。整条街将被毁灭。

“有一种办法，”Cosmos 说，“把我放去试试，行吗？”

“但那样的话，你也灭了你自己！”安妮高声说，“为什么要这么做呢？你不想活了吗？”

“我本来就不是活物，”Cosmos 说，“只是按管理我的操作系统的规则和命令行事。这是一个规则，如果你不通过门户发送人，我将被迫遵循规则。”

一阵沉默。

“你确定吗？”安妮慢慢地问，好像她要给超级计算机退缩的机会。“你确定这是你要做的吗？”

“是的，”Cosmos 回答，“我可以，凭意愿在任何时候自动毁灭。事实上，这是你父亲最近给我安装的一个安全功能，以防我被敌人抓住。我能以非常壮观的方式做到这一点。你想看烟花吗？哦对不起……”电脑窃笑着说。“你想成为烟花吗？”

“我会拔掉你的插销。”听起来安妮要哭出来了。

“我不会允许你那么做，”Cosmos 说，“如果你试，我就会把系统炸掉。”

“安妮，”乔治果断地说，“现在只能做一件事。我们不得不将 Ebot 送到太空，否则我们都会变成尘埃而非生命形式！”

“Ebot……”安妮轻声说。

机器人转过身来，给她一个微笑，那太像她父亲，她改变了主意。

“我不能这样做。”她哭着对乔治说。

“我来吧，”他说，“Ebot！”现在他坐在太空门户的另一边，轻声而坚定地呼唤机器人，并向前推它。“等等，”乔治转向安妮，“它还没戴头盔！”

“看起来它不需要。”安妮阴郁地说。

“是的，”乔治说。他意识到这次太空之旅并非为了帮助他们了解整个世界的情况。现在他们需要集中精力拯救自己的生命，然后才能拯救任何人。“Ebot，”他继续说，“我们需要你来这里，向前

走过太空门户。”

但乔治并未看到赫拉仍然挂在 Ebot 的腿上，已经太迟了。机器人向前倾斜，带着拖着它左腿的赫拉向前走，直到它站在太空门前，面朝门口。

突然，安妮注意到乔治的妹妹，指着那孩子，大声尖叫。

当意识到他顽固的小妹妹正面临死亡时，乔治恐惧得血都凝固了。Ebot 还在前进……现在任何时候，它都会跨过门槛，走向太空。“赫拉，”乔治紧忙说，“快点放开。”

“不！”她抱着 Ebot 的腿，胳膊下夹着她最喜欢的洋娃娃。

“赫拉——”乔治用最低沉的声音，希望听起来有点像他爸，“你必须放手！”

“不！”她大叫，抓得更紧了。机器人越来越接近门槛；他仿佛是随时都可能进入那旋涡中，并带着赫拉。

“乔治小心！”安妮瞪大了眼睛。朱诺把脸埋在她的肩上，被她声音中的惊恐吓着了。“你可能会让它跌倒，它会带走赫拉。Ebot，停止！不要走更远了！”

但 Ebot 要么没听到，要么它仍在努力执行之前的命令。它站在门槛上，尘暴中的年轻星球正在爆炸，它的身影映在碰撞和爆炸的惊天动地中。

“赫拉！”乔治命令道，“放开 Ebot 的腿！它就要跳了，你必须放开！“

“不不不！”赫拉哭了起来，用尽全力紧紧抓住 Ebot 机器人的小腿。乔治试图掰开她的手指，却掰不开。赫拉专心地挂在 Ebot 身上，通常她总是夹着的娃娃此时已经松开，娃娃的一条腿摇晃着。利用这一刻，乔治抓住了娃娃，把她扔进了门外的风暴中。他知道这是一个绝望的举动，他只希望通过门户扔出什么东西，足以使 Cosmos 关闭太空门户。

他的行动这么快，根本没有时间去想他妹妹是否会试图拯救那个最喜欢的娃娃；事实上，如果她没有看到接下来发生的事，赫拉很可能会那么做。

只有十亿分之一秒的功夫，当那个娃娃穿过门户时，他们看到它的金发在灰尘的背景里瞬间即逝，它似乎转过身来挥手，然后就

被撕成碎片，永远消失……也许数百万年后，作为一颗行星的一部分被重新组合起来。

乔治刻不容缓地将自己牢牢地挡在赫拉和外太空之间，竭尽全力向后推赫拉和 Ebot，远离门户。

“那里！”他向 Cosmos 大喊，紧紧地握住赫拉，而 Ebot 继续一步步蹭向前。“有人通过了门户。你从来没说过必须是一个人或者是个活的东西——你只是说必须是一个乘客！我们做到了！你必须关门了。”

“Cosmos，关上门！”安妮尖叫，“现在关门！我们已经做了你命令的。你告诉我们，有些东西必须经过门户，已经有过了！你必须遵循自己的规则！这是你告诉我们的！”

啪地一声，太空门户关闭了，乔治躺在地板上，在他妹妹和 Ebot，还有太空之间犹如一道舷墙和空间。Ebot 往后倒下了，赫拉还抓着它的脚踝。

正当太空门毫无痕迹地蒸发为稀薄的空气时，家里另外两扇门突然打开：前门和后门。乔治的爸妈穿过前门冲进来，而安妮的妈妈通过后门进来。他们三个人看来都经历了有生以来最大的震撼。

他们喘着气，齐声说：“你们永远不会猜到！”

安妮说：“哦，那就试试我们，你们永远不会知道……”

第十章

安妮的妈妈苏珊，乔治的父母特伦斯和黛西都惊讶地睁大了眼睛。

乔治和安妮迅速地扫了一眼厨房，看看是否还有什么能让他们的父母怀疑刚发生的致命的太空冒险。但除了太空门户打开时撒入的微小灰尘，还有 Ebot 和赫拉躺在地板上之外，几无线索。所幸的是成年人确实会视而不见。为了安全起见，安妮试图用脚将太空尘搓碎。

她母亲还是注意到了，抱怨道："安妮！你把训练机上的污垢带到乔治家了吗？"

"哦，对不起，我就扫干净。"她很快说。那就是她妈妈，即使是全国处在紧急状况，她也会注意到地板很脏。

"门，"赫拉指着一片空白说，此时她仍挂在 Ebot 身上，"我的娃娃！"她突然哭起来。她放下机器人的腿，跳起来，跑向乔治，开始用小拳头猛击他。

"哇！……赫拉！"乔治抓住那可爱的小手，轻轻地制止她。

朱诺加入了，“娃娃穿过了门。”她指着太空门户之前所在，帮助解释道。但这一次，却没人在听。

“是的，是的，”特伦斯含糊地说着，抓着几个空的帆布包，显然认为她们是在乱说。“门，娃娃，不管是什么。孩子们，我不想让你们离开家。事情比想象的还要糟糕。”

地板上俯卧的 Ebot 坐起来，赫拉舒适地坐到他的膝盖上。

“为什么，现在发生了什么？”安妮问，“还可能发生什么？”

“你知道昨天食物的价格飞涨，”黛西说，“因为每人都得到很多意外之财，而食物供应却停止了。”

“好吧，现在——”苏珊的声音突然听起来很像她的女儿，“超市不能收费！每当人们试图扫描物品，收款机出现的就是零！”

“没有人再试图在收银机上扫描了，”特伦斯补充说，“他们放弃了，开始从货架上拿东西，拿走任何可以拿的东西。我们看到人们带了袋子、手提箱，甚至是一个有轮子的垃圾桶来，免费把东西带回家。”

“他们开始打架了！”黛西说，“可怕的是，人们相互推挤冲撞去拿食物和水，都是免费的，因此每个人都只想尽可能地多拿。因为字面上说那都是免费的！”

“太可怕了，”苏珊颤抖起来，“这不像是狐桥镇，就像在战区。警察不做任何事情——他们也在拿东西。”

“对，孩子们，”特伦斯说，“局势非常严重。我们无法靠近合作社拿到我们库存的食物，也无法在附近找到安全的地方，所以需要挖挖菜园，看能找到什么。”

每个人都转头去看窗外的蔬菜地。

“那里也没很多。”黛西懊恼地说。自给自足的时候到了，但对她而言，却不是丰盛的季节。“你们知道，还不到真正的收获季，我们只有莴苣和萝卜。”

“乔治，安妮……一分钟之内，我想让你们去花园，采摘能摘的。”特伦斯命令道，“可能不是很多，但总比没有好。当我们被围困时，那仍会为我们提供重要的营养。”

在跟着乔治出去收摘能吃的东西前，安妮问她妈妈：“爸爸怎么样了？他在哪儿？什么时候回来？”

“我想他仍然和总理困在某个防核地堡里，告诉总理当电脑系统都崩溃了，会发生什么……”安妮的妈妈担心地扭绞着手，“我希望能联系上他，想知道他还会在那里待多久！我知道不该打电话，但这种情况下，我想我们可以——”

“我们不能，我的手机不工作！”安妮说，“妈妈，你的手机有信号吗？”

“我必须找到它……”苏珊总是找不到手机，“它肯定在什么地方……”

“别聊天了！要行动，不是语言。”特伦斯命令道，似乎他已经是领导了。“现在超市已经空了，农民大概也锁上了大门。食品银行将会被抢劫，所有的供应商都会在仓库加设防护工事。”

“我们要做什么？”苏珊心慌意乱地说。

“我们需要避开风头，直至危机过去，”特伦斯继续冷静地说，“我们需要待在安全的地方，都住到地下室去。”

“包括我们吗？”苏珊想着，问出了声。

“我负责，妇女和儿童总要找一个安全的避风港。”特伦斯父亲曾当过兵，他坦率地向她敬了个礼。

“我知道！”她说，“我家有一堆睡袋和被子！天知道我的家人会不会来！我都没有他们的消息……我去取寝具，它们会使地下室住起来更舒适些。”

“爸爸？”乔治质疑道，“你不觉得有人应该留在地面上监视吗？我的意思是都在地下室，如果危机过去了，我们还没有意识到，我们是否应该轮流在树屋上瞭望？”

“很棒的主意，乔治。”现在特伦斯已经不再是那个他们所了解的喜爱宁静、和平主义素食者和垃圾回收利用行动者了。

“我和乔治应该先去瞭望。”安妮快速地跳起来。像乔治一样，

她意识到如果和父母一起被困在地下室里就无法介入外部世界了。

“不要这样，我有个更好的主意，”安妮的妈妈说，“你不是说有个特殊眼镜吗，通过机器人的眼睛看，这样，我们可以让他去看，你透过眼镜看。”

“烦呐！”安妮喃喃道，她没想到老妈如此快速地想出了解决方案。

苏珊去隔壁取那特大的一堆床上用品，同时安妮和乔治拿着水桶，开始抢收蔬菜，他们收摘任何能帮助这两个家庭度过紧急情况的东西。

第十一章

当他们在后花园的贫瘠土地上四处挖掘时，一切似乎变得不自然的安静，好像预示着什么大事会发生。他们在狐桥镇的这个小角落一直相当平静，但就像地球一样默默地等待着灾难似的。天上空荡，甚至没有一架小飞机在嗡嗡作响。交通似乎也停止了，几乎没有人类居住的声音。只是鸟儿唱歌，昆虫忙着为春天的花朵授粉。没有收音机播放的音乐，没有电话声响，屏幕上没有电视节目。人类生活的喧嚣突然停止，好像人们被彻底抹去，好让其他生命形式占领地球。

但安静中蕴育的某种邪恶使乔治认为这种情况不会持续下去。时间一分钟一分钟地过去，等待安静被打破的时间越长，他就越担心。

黛西和双胞胎出来帮忙，但她们静静地站在那里，看着乔治和安妮把菜叶和根茎装满水桶。

特伦斯来到花园，他命令道："黛西，我想让你带双胞胎回到里面，开始打包必须携带到地下室的物品。我们需要干粮、水、手电筒——任何你藏身时需要的。我们可能要在地下住上几天，不能冒险回来。我们将收听广播，希望电台会恢复，我们可以知道混乱何

时结束。”

黛西点点头，带着朱诺和赫拉进去了。这对双胞胎似乎也被这奇怪的气氛吓到了。

苏珊从隔壁回来，不但带了寝具，还带来一个人，她很老，散乱的外貌仅能辨识出就是乔治和安妮几天前和埃里克见过的那个破译代码的人。

“我在家门口看到她。”苏珊说，她快步走过，带着床上用品走向地下室。

“贝利尔！”安妮惊呼道，“你在这里做什么？”

“我不知道到哪儿去，”她承认道，“而且我认为，如果真有人能解释到底发生了什么，那就是埃里克。”

“他不在这里，”安妮告诉她，“他是‘信息技术沙皇’，因此不得不去面见总理。”

“啧！现在的人会给什么样的傻瓜头衔啊！”贝利尔说，尽管她的外表不那么光鲜，但眼睛雪亮，她几乎是在自我享受。“嗯，这不很有趣。让我想起过去的好时光！”

“你必须到地下室去，”苏珊说，“我不以为乔治他爸爸会让你在这里晃。”

“哦，太棒了！”贝利尔兴奋地说，“就像再来一次闪电战！我希望在地下室有些雪利酒！”她以难以置信的敏捷，走下台阶进入地下室，还哼着最喜欢的战时歌曲。

“我们要做什么？”安妮拿起水桶，小声问乔治。

“Cosmos 在哪里？”他急忙问。

“还在屋里，我们该把它留在那里吗？”

“我想我们应该把它拿来。”乔治说。

“但它是邪恶的！”安妮尖叫着，“它已经转到黑暗的那一边去了！”

“我知道……但可以用它自己的规则来帮助我们。我想应该带上它。”

“好的。”安妮偷偷地带着桶进去了，几分钟后回来，她示意乔治已把世界上最伟大的电脑 Cosmos藏在一堆沙拉叶下面了。“但我还没明白我们实际要做什么。”她低声说。

不过，乔治已经制订了一个计划。“噢，你把 Ebot 带到树屋，

让它做守望者，”他说，“然后你假装回来，去地下室，和家人在一起。”

“你什么意思？”

乔治说：“我们假装去地下室，和他们住一起，然后我们把他们锁在里面，我们待在外面。”

“把他们锁在里面？”安妮惊呆了。

“我们必须那样！否则他们绝对不会让我们来破解这个问题。我们的父母会让我们跟他们在一起，喝暖瓶里的汤，唱愚蠢的歌，而外面的整个世界都会垮掉！我们却无法做任何事儿。”

“我们能做什么？”安妮问，“对两个孩子来说，那不是有点太大了吗？”

“不，安妮！”乔治坚定地说，“以前我以为是，但现在没有其他人能做这事，我们必须试试。即便你爸爸目前也没有任何结果。就算你的爸爸有任何结果，我们也必须做点事儿，安妮。像贝利尔那样——如果战争期间没有她帮助破解密码，还会有数百万人死亡。所以即使我们只做一些小事儿，也许会使事情有所改观。”

“你说得对，”安妮说，她站直了，对他的话印象深刻。“那样的话，我和你在一起。我不会躲在地下室。我要帮你，我们做得到，我们能够。”

小小的后花园很快就像冬天一样光秃秃了。菜茎上没有能吃的叶子。每一片蔬菜都被拔起，采摘，挖出或切下，然后成捆带到地下室，成为长期躲藏食品供应的一部分。

现在黛西已把双胞胎安全地带到了楼下，她们正在听她读着最喜爱的毛毛虫的书，那只虫子从星期六就一直吃个不停。

当她用手电筒的光线阅读时，特伦斯和苏珊正忙着安排躲藏处的最后细节，安妮通过地板门送入水瓶、零食和漫画书。

“你们两个也下去。”她强硬地坚持道。特伦斯不是唯一唤起内在暴君意识的人。

“就这样！我会把剩下的东西传给你。哦，还有乔治！他可以完成。”她意味深长地看了他一眼。“我会把 Ebot 带到树屋装好，”她说得很有条理，“然后，我回来，乔治和我会跟你到地下室。你明白了吗？”

两个成年人郑重地点点头，然后就忙着去把地下室变成舒适温暖的生活空间，他们太专注了，乃至没想过乔治和安妮会违背承诺。

在客厅里，安妮把没人理睬的 Ebot 扶起来，并找到一顶埃里克的太空头盔扣在机器人的头上，半扶着它，蹒跚地走向树屋梯子，梯子已经被降下来了。她把机器人埃里克放在树干上，同时从口袋里找到遥控眼镜，戴上后她用眼睛注视控制器唤醒睡梦中的 Ebot。

他醒过来时抽动一下，叫了一声。

“爬上梯子。”安妮指示它。

Ebot 开始笨手笨脚地爬那摇摆不停的梯子，好像一只穿着宇航服的笨蜘蛛在爬墙。安妮带着装着 Cosmos 的桶跟在它后面。Ebot 跌跌撞撞爬上了树屋平台；安妮跳过它，放下桶，然后就用乔治的望远镜看出去。小镇仍然平静，似在沉睡，但战栗的空气告诉她，一场风暴将来临。

“在这儿等着。”她指示着机器人朋友，然后再次回到地面，跑

到地板门那儿，乔治正在那里徘徊不前。

往下看去，她凝视着那些仰头向上的面孔：她的母亲，乔治的父母和两个小女孩。突然间，她意识到乔治实际上不能做需要做的事儿。那一刻，她也意识到，现在该是勇敢地实现她说过的事情了。

“对不起。”安妮轻声说着，然后把两扇门放下，并拧上开关，在地下室里的人还未来得及阻止她前，她拧上了门扣。她仅能看到他们脸上震惊的样子。然后他们就从视野中消失，被封在地下的隐蔽的洞穴。

但他们的声音未被封闭。“嘿！”特伦斯从下面大力敲门，“你以为你在做什么？你不能留在那里，打开门！打开门，我说了打开门！”

“对不起！”安妮向地下室喊道，“我们以后会解释的。”

她抓住乔治，把他转过来对着后门，说：“跑！”

一个孤独的声音飘了上来，那是贝利尔：“你们两个做得好！祝你们好运！”

他们一起朝树屋走去，爬上梯子，再把梯子拉上来。他们自动躺倒在平台上，下面看不见他们。之后，乔治想起来 Ebot 也在，于是伸出手也把 Ebot 拉倒。现在从地面往上看，只会看到一个空的树屋，除了鸟儿和最有希望的登山者之外，任何人都无法进入树屋。

在这一点上，乔治和安妮都说不出为什么会这样行动——那是生存本能。

他们的本能还是健全的：在树梢上隐藏了几秒，躺在那里，还气喘吁吁时，就听到远距离传来的噪声越来越大，那已经靠近乔治的房子。起初只是噪声；他们无法区分出个别的声音。不久后就能听到呼喊、砸碎东西、吼叫、爆炸和重击声。

“那是什么？”安妮颤抖着问，乔治留在地下室的保护区之外的想法是勇敢的，但她现在想那是否明智。情形已经非常可怕了。

安妮不需要等待答案。树屋下，地面上的一群掠夺者入侵了后花园，推倒栅栏，在地上乱挖，砸门窗，在一间又一间的房子里寻找食物，肆意乱为。从隐藏的地方，他们俩听到狗吠叫，然后是有

人被狗咬的尖叫。从树屋里望出去的时候，他们看到那群人为房主留下的一点儿东西争斗着，而房主已经逃离了。幸运的是，这群人很快就过去了，尽管感觉上似乎是数小时。几分钟内，那帮人已经到了下一排房子，然后就看不见了。

“哎呀！”安妮低声说，“真够讨厌的，你爸爸对危险的看待是正确的。”

乔治长出了一口气，他的心跳甚至盖过了骚乱的声音。“让每个人都去地下室是正确的决定。”他同意，又忍不住想，如果没藏起来，他的妹妹和父母可能会发生什么事，还有贝利尔和安妮的妈妈。他希望埃里克真的是和总理在某个安全的地方，而不是在街上，但他最好别跟安妮提这个。情况已经够糟了，没必要再平添恐惧。

“你估计他们还行吗？”安妮低声说，声音颤抖着。

“嗯，他们没事。”乔治自信地说。令他吃惊的是，一旦心跳慢下来，他开始感觉好多了。骚乱发生时，他还在想自己是否会永远待在树屋里。但现在他知道该是他和安妮开始行动的时候了，他突然发现自己勇气倍增。“可能会有点灰尘，但我认为没人能找到他们。那些人直接穿过厨房，走到另一边去了。”

“现在干什么？”安妮静静地问。

在他们的下面，被蹂躏的花园里，还有几个散兵游勇穿过推倒的栅栏，停下来拿石头砸少数未被打破的窗户，然后就离开了。

“他们仅仅是为了砸东西。”安妮感到很厌恶。

“这就是为什么需要快点儿，”乔治说，“如果有人在这里看到我们，可能会有大麻烦。我的意思是像宇宙那么大的麻烦。”

“快点儿什么？”

“我们必须再试一次，”乔治回答，“你知道，如果起初你不成功——就是那个关于 Ebot 被抓住的想法，这样我们就知道那个 IAM 是谁了，现在看来那是最好的想法。但这次我们需要给 Cosmos 更具体的指示，以便它将 Ebot 放在能被找到的地方。”

“所以我们必须继续做我的化学课题？”安妮惊讶地问。世界正在大乱，她还在做功课！这一切一下子看似很正常，但又很怪，她还不能完全接受乔治的想法。即使在“世界末日”？

“嗯，”乔治对自己的信心很惊讶，“我们会告诉 Cosmos 需要研究生命的下一个元素，然后我们将通过门户发送 Ebot……Ebot 已穿着你爸爸的宇航服，因此那边会以为是你爸爸穿过太空门户，IAM 上次不就是那样找到我们的吗？”

“说得对！”安妮从桶里拿出 Cosmos，掸掉上面的生菜叶和一只小毛虫，打开后按下电源按钮。

“我们需要宇航服吗？”乔治问。

“嗯，可能吧，”安妮道，“看情况再说，但都在爸爸的书房里。”

乔治已经放下了绳梯。

“你不能去！”她尖叫起来，“太危险了！如果那些人又回来呢？”

“我会很快的，”乔治自信地说，“让 Cosmos 开始工作和开放门户。我会闪电般地回来。”

“噢，好吧，”安妮说话间，他就从视线中消失了，“让我们开始吧，Cosmos！”Cosmos 开始工作前，她深吸了一口气：“我想继续我的化学题目，想让你在太空寻找氨基酸。我要你开启太空门户，打开门到太阳系中的一个彗星上，在那里我可以找到氨基酸，那是构筑生命的基石。”

第十二章

乔治匆匆穿过空空的蔬菜地，穿过篱笆进入安妮家的后园那片神秘的密林。他跑着，突然停住了。贝利斯家的后门门栓已经被扯开并扔到一边。所有窗户都被砸了。乔治绕开路上的碎玻璃，进入房子，发现家具都已翻倒，冰箱门开着，橱柜都被洗劫了。橱柜里的面粉和糖袋被拉出来，显然被弄破了，它们躺在地上，里面的东西洒了一地。有人踩翻了一瓶柠檬水，柠檬水喷在柜子和地板上，与面粉和糖混合，一片狼藉。那附近躺了一排空塑料管，看起来像是实验室里用的，而非家用冰箱里的。那些管子里的东西似乎也漏出来，流入地板上那摊黏稠的池里，使那摊液体闪着绿光。看来埃里克和安妮的实验结局不佳。

“呃！”乔治绕过泥泞的地板，却踩到破鸡蛋和果酱混合物上，他滑了几下，撞在冰箱金属手把上。

“哦，哦，哦，哦。”他哼着，揉着碰到架子上的鼻子。所有食物都没有了，甚至放在最上面的不想要的旧奶油和芥末罐。有人搜索了冰箱，冷冻柜和所有的橱柜，并一扫而空，只留下被损坏的东西，它们被丢在地上，变成讨厌的黏稠的化学品和食物混合的恐怖的汤。

乔治小心翼翼地绕过厨房，但在角落里，他注意到苏珊的手机正在一堆垃圾上，他停下来。在一片混乱中，不知何故，她丢失的手机竟然重现——如果他拿到它，他就能试试给埃里克打电话！

埃里克从不知道怎么做一般的事情——问他煮蛋需要多久，或者谁是 iTune 的第一名都毫无意义。但当巨大的宇宙事故发生时，或当世界被邪恶力量威胁时，或外星人出现时，他却有最好的答案。在这种情况下，他比世界上任何人都有用。现在，知道埃里克怎么想的，就很有助益。

乔治试图拿到那只手机，看看它是否还能工作，但他几乎就要滑倒了，他挥舞着双臂，就像个冲浪者试图在大浪中平衡自己。当他撞到房间另一边的橱子时，他意识到自己正在浪费宝贵的时间。他听到远处传来一声吼叫——那与掠夺者横扫花园前是同样的声

音，他们经过时洗劫了每座房子。可能只有几分钟的时间，他们就会再回来，绝望地扫荡任何遗弃物。乔治在房间里溜了一圈，感觉像是在滑冰，他决定放弃那只手机。这一次，他走进走廊，走向了埃里克的书房。

在所有房间中，书房似乎受到最小的伤害。暴徒们一定没在意这个房间。如果没有那几本掉下书架的书，整个房间几乎没被动过。乔治很快就找到了他要的东西：宇航服以及所有配件。但怎样才能拿走所有呢？他决定穿上宇航服和靴子，但靴子太大了，他把它们套在自己的鞋子外面。他拉上拉锁，把另一件衣服背在背上，看上去他好像背着一个非常柔软的人。然后，他套上宇航靴，手里拿上另一双靴子和宇航帽。他迈着沉重的步伐走出书房。太空靴比他的

运动鞋更抓地，很容易就穿过了滑溜溜的厨房，没有摔倒。他走到房子外，穿过花园，那件宇航服在他身后飘着，好像一面旗子，但他没注意脚上粘了厨房地板上的某些化学成分。

树屋里，安妮为了节省能源，已关上了 Cosmos，她又把平台上的物品重新放了一下，以便在 Ebot 通过太空门户时不会从树上掉下来。做这些时，她一直担心乔治。如果出了什么问题，现在周围没有成年人。Cosmos 更像一个什么都知道，让人烦的老表亲，现在指望不上能帮忙了。她和乔治真的只能自己面对着陌生而敌对的世界。唯一能帮忙的人——他甚至也不是一个人——就是身边的 Ebot，无论怎样，最终他会做任何命令他做的事情。他无法区分该不该做。

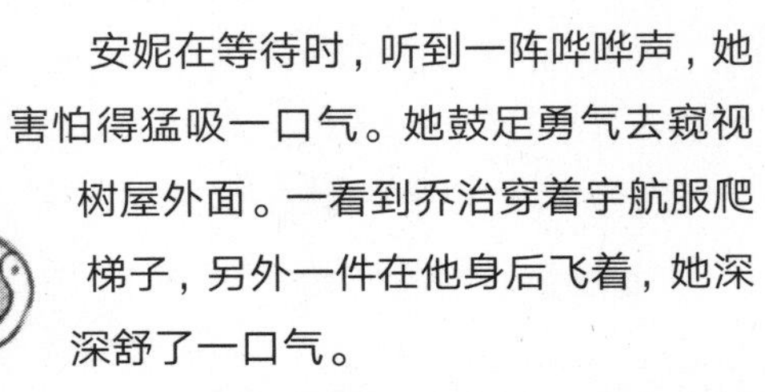

安妮在等待时，听到一阵哗哗声，她害怕得猛吸一口气。她鼓足勇气去窥视树屋外面。一看到乔治穿着宇航服爬梯子，另外一件在他身后飞着，她深深舒了一口气。

乔治重重地踩在平台上，扔下宇航装置。

安妮困惑地问："你的靴子上是什么？"她指着那些闪闪发光的泥巴点。

"那肯定来自你家厨房的地板。等等……看起来，它像在动！"乔治意识到，"像是活的。"

"那是什么泥？从哪儿来的？"

"最近你爸爸在冰箱里放了什么？"

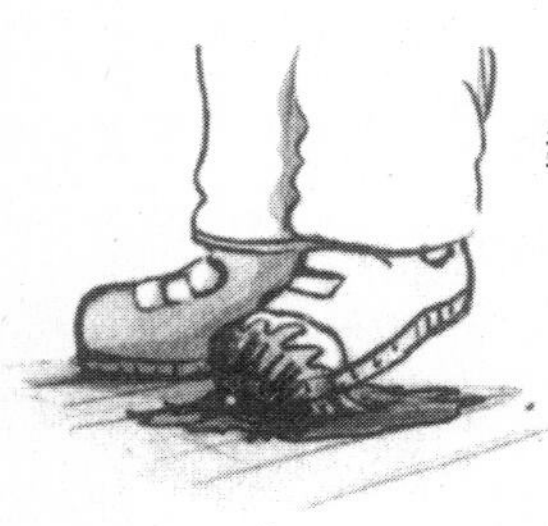

“不能肯定，”安妮回答，“他的实验密封在冰箱门的试管里，但他说我绝不能去动。”

“我只想知道这奇怪的东西是什么，为什么它似乎正在散播。”乔治说。

“这可能是爸爸在太空种的蛋白质晶体，”安妮告诉他，“他做过这——他去太空种东西，那些东西在地球上长得没有那么快。现在，注意了，我们可以在这里继续专心做事吗？”

“好吧……那么现在做什么呢？”乔治转身焦虑地凝望着狐桥镇，那里再次显得很安静，但从经验中，他们知道那变化会有多快。

“氨基酸，”安妮果断地说，“那是我们生命组成的下一个成分。”

乔治低头看着他的靴子。他肯定那块泥又移动了，但目前提它似乎不合时宜；就事情优先度而言，它不排第一。

“我们在哪里找到它们？”他问。

“我已经给 Cosmos 下指令了——”电脑关闭了，安妮能自由说话，“在我们的太阳系找到一颗彗星。那颗彗星就是我们可能会发现少量氨基酸的那类地方。而且那是 Ebot 被绑架的理想地点，如果我们给它穿上爸爸的宇航服，并让它用爸爸的太空呼号。它只需坐在那颗彗星的中间，就会很醒目！如果 IAM 监控所有的计算机活动，爸爸或 Ebot 在空间就应该被立刻注意到。”

“太棒了！”乔治说，“但他们能在彗星而不是月球上抓到它吗？”

“嗯，我怎么知道？”安妮听起来有些紧张，“我们只能试试，如果不行，我必须说服 Cosmos 让我们在月球上寻找氨基酸。那会有点怪怪的，因为我不认为那里有氨基酸。我们也穿上宇航服吧！”她

补充道。

“安妮，我们真的要进入太空吗？”乔治问，“我们不能再用Cosmos的太空门户，那不安全。”

“是的，我同意。”她点了点头，“但你记得上次我们在彗星上吗？那里没有太多的重力。如果Ebot在那儿着陆，可能会掉下来，在太空中漂游。”

“是的，说的不错，”乔治说，“那我们要做什么？”

“穿上宇航服，”安妮果断地说，“只是假装通过门户，我们把他拴在彗星上就可以了，而不必自己穿过门去。怎么样？”

“好，明白了！”乔治说，“很好。”

安妮很快穿上了乔治给她带来的宇航服。“让它打开门户。”乔治指示安妮。

她按着Cosmos的键盘。

“问候你们，”伟大的电脑说，听来似在嘲笑，“我可以帮你吗？”

“我们已经准备就绪，你打开通往太阳系中一颗彗星的门户，我们去太空可以调查我的化学课题中的氨基酸，”安妮提醒着它，同时把脚伸进宇航靴中，“我们，包括我、我的朋友乔治和我的父亲埃里克，他就在那儿，想用你的太空门户进行研究。”

“埃里克？”Cosmos有些兴奋地说，“埃里克将进入太空？”

两个小朋友互相看了一眼：“这能成吗？”

“是的，没错，”安妮确认，“你能帮我们做到吗？”

“肯定能，”Cosmos回道，“我已经在木星地区找到了彗星。”

“好的。”现在安妮已经穿好宇航服了，她向乔治敬个礼，扶着Ebot，并让它也准备就绪。

乔治担忧他们计划成功的可能性不大。现在已不再是普通期中假期了，他准备将 Ebot 推过太空门户，这个机器人将成为他最好朋友的父亲的替身，在靠近木星的一颗彗星上登陆当作诱饵，所有一切都太奇怪了……最好不要想得太多了，否则自己也变得怪怪的了。

“时间不多了，”安妮说，听起来她也很紧张。“我们只需要收集氨基酸样品，然后返回地球，好吗？甚至没有必要关闭门户。其实我想让你一直打开门。我爸可能会走到彗星上，但乔治和我不会的。这是否符合你的规定？你不会再试图把我们也弄飞了吧？”

“提供一名乘客通过门户，”Cosmos 说，“这没有问题。”

门户闪耀着，逐渐变得坚实，这样三个人可以通过。门打开了，他们看到辽阔的灰白色的岩石。Ebot 的两旁，各站着安妮和乔治，准备迈步过去。

安妮对乔治耳语，而 Cosmos 听不见：“记住，重力会降低！所以推 Ebot 通过时，我们要抓住它，把它放在彗星上，定在那里，然后才放开。”

“明白！”乔治说，“在太空中好运！”

就这样，他们把门前的人形机器推到门口，穿过门户到达彗星上。那个彗星围绕着木星——那颗最壮观的行星。

第十三章

乔治和安妮首次进行太空之旅时，曾在太空中坠落，绕着大圈行进，直到一次磕碰撞到了彗星表面，那是他们上次登上的彗星。那次是安妮赌气打开门户，要向乔治证明她知道怎么在太空飞行。那次也是乔治宇宙之旅的开始，一个惊人的开始，然后就是一系列既奇特又奇妙的冒险。

但这次空间门户并未将他们放在彗星的上空，而是放到彗星本身之上——让乔治宽慰的是，他们能按照计划将 Ebot 推到松脆的岩石上。

当这个人形机器人通过门户后，他们就感到重力降低的影响。Ebot 立即飞入空中，他们俩不得不把它拖到表面上。机器人看着他们，他们通过头盔可以看到它脸上奇怪的表情。如果它知道他们打算干什么，虽然那不可能，但他们还是怀疑这是否属于一种背叛。

“这儿，快点儿。”安妮递给乔治几只钉子，一把小锤子和一段绳子，这些物件都是宇航服的标准装备。“你把几个钉子钉到表面上，试着把它绑起来，让它不要飘浮走。”

这使乔治想起自己曾帮他爸爸修理风力发电机。他小心地放开 Ebot，跪下，把一对钉子打入彗星脆弱的表面，门户一边一个钉子，

当他敲击时，等待着锤击的反应。现在机器人的双腿浮在空中，安妮从后面抱住它。

他们俩都没心情看景色，即使如此，仍然忍不住注意到我们太阳系中最大的星球的非凡特写。不管目前的困境变得多么疯狂而危险，他们却不能忽略木星。它悬挂在他们之前，好像一个大大的球，如同有人在上面画了不平整的虎纹，它主宰了整个星空的背景。

“它真的是木星啊！”乔治听到安妮的声音，那是通过头盔上的声音发射器发出的耳语。“几百年前，他们怎么知道以正确名字‘朱比特’来命名呢？”

为了研究木星红斑，乔治从钉锤中抽空观看，“它太红了！”红斑是一片风暴，在木星上肆虐了三百多年。地球上的天文学家通过

望远镜已经观看它长达几个世纪，但现在它就在他们眼前，好似一道橙红色的旋涡，反衬出那颗有着清晰的奶油色和棕色条纹的巨型星球。

当乔治望着那令人敬畏的景观时，他意识到 Ebot 又开始从太空门户飘离。

“快点！”安妮低声说，挣扎着拉着机器人。

“好了！”乔治说，随即将一长串绳子绕在钉子上，然后将其绑在 Ebot 的宇航服的环上，好像它是地球上的一颗氦气球。“你现在可以放手了！”

安妮看着木星背景下的 Ebot，她有个奇怪的想法。以往进入太空时，他们通常认为回家的旅程是安全的；那是他们最了解的地方，但这一次却非常不同。这一次，他们都觉得在太空里比地球上更自由更安全。

他们将自己通过太空门户拉回来，“哎呀，我们几乎忘了主要的事儿！”安妮惊呼道。

“我们必须让 Ebot 用爸爸的呼号，这样跟踪空间通信的人会认为他在太空。我们不知道 Cosmos 正在发送什么，因此需要确保 IAM 知道他在那里。”

“我不敢相信我们竟然忘了！”乔治说，“快速呼叫 Ebot 并且使他回复。”

“E——埃里克，”安妮喊，“你能回答我的信号吗？”

“是的。”机器人回答。

“你在彗星上吗？”

“是的。”

“我们能让门户开放多久？”乔治对安妮耳语道。

“不会太久。”她承认道。她查过 Cosmos 的电池。它消耗得很快，她又敲了几下键盘，将空间门户放大了一些，Ebot 显得更远。

通过门口，他们又看了它几分钟，但他俩都非常恐惧地意识到地球上越来越暗了，即使是初夏的北半球白天时间比冬天长得多，但亮光不能持续多久，他们意识到留在外面是危险的。Cosmos 和太空门户发出相当强的光，一旦狐桥镇的天变暗，那就太明显了，如果那些暴徒再回来，他们就是目标。

“我想最好关闭门户，”乔治不情愿地说，“无论如何，Cosmos

几乎没电了，太空旅行耗尽了它的能量。”

他们最后又看了一眼 Ebot，它像一只拴着的风筝优雅地飘浮着，衬托着闪光的冰气体和灰尘，那之后是彗星。这看起来像喷气机上的小人在天空中行驶。

“再见，Ebot，我是说爸爸，”安妮悲伤地说，然后低声说，“我希望你很快就被绑架。”

“再见……呃，埃里克。”乔治说。

“烦啊。”安妮的手指在键盘上盘旋着，准备命令电脑关闭门户。“我很确定这能成；我很确定，IAM 将监控所有的太空通信，爸爸在太空的出现会像上次一样引来机器人抓它。”

“也许我们应该去月球，”乔治说，“也许那是 IAM 唯一待的地方。

“但我们怎么做到呢？”安妮问，“我们只能让 Cosmos 带我们去与化学课题有关的地方——那不是我们需要去的地方。”

“你爸爸说，在整个宇宙中寻找答案就像一个人在灯柱下寻找钥匙，”乔治说，“他的钥匙不在那里，但那是他唯一有足够光线可以看到的地方。”

“嗯，那差不多啊，”安妮听起来很伤心，“好吧，我觉得不可以再等下去了。在关闭他之前，我们先试着看看 Ebot？”她再次命令放大门户，以便可以看到 Ebot。但是正当她这样做时，乔治注意到彗星上出现了一道红光。

“安妮，退后！”他叫起来。

她跳回来，离开太空门户时，他们都看到一道明亮的红光锁定在 Ebot 胸前。过了一会儿，机器人的手钳粗暴地将它从拴在彗星

上的钉子上拉了出来。

“它们抓住了它！”乔治呼吸沉重。一瞬间，随着超级计算机没了电，空间门户自己关闭了。

地球上一天有多长

为什么冬天的一天比夏天的一天短?

这是因为,当地球围绕太阳公转时,它的自转轴是倾斜的。如果地球自转轴与地球围绕太阳公转的轨道呈直角,那么一年所有日子里白天和黑夜就刚好是一样长。但随着地球公转,它却有 23.5 度倾斜,这就意味着,在公转轨道的一点——北极和我们称之为北极圈的地区从太阳偏离这么远的角度,使之根本接受不到日光。

在北半球这发生在 12 月 20 日和 12 月 23 日之间,即冬至。

同时,在南半球,却有 24 小时的全日光照。(事实上,有太阳的一天少于 24 小时,但我们四舍五入取整数。)

随着地球围绕太阳公转,倾斜度改变,直到它公转到相反的方向。在夏至(在 6 月 20 日和 6 月 22 日之间),北极全天具有日光。两极之间世界的其他地方会有不同数量的光,因此一天或延长或缩短。

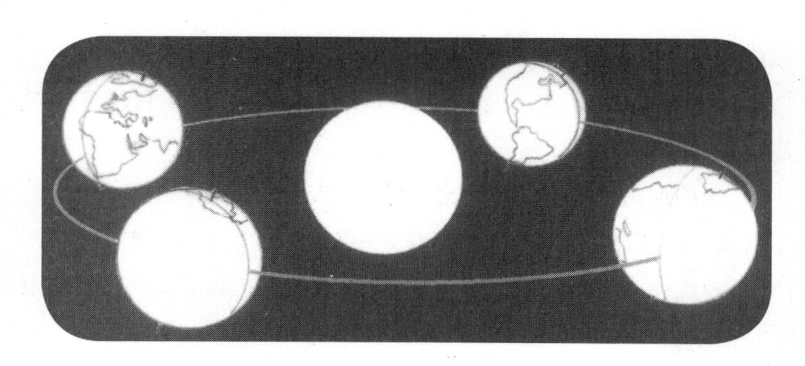

第十四章

“哒哒！我觉得 IAM 已经抓住了 Ebot！”安妮乐得合不上嘴。

“因此我们只需要等它们把它带到旗舰所在地，然后我们可以用望远镜看，找出它在哪里！”乔治回答。

即使戴着头盔，他们俩都容光焕发。他们取下头盔，脱掉宇航服。

“我们做到了！我们让它们抓住了机器人！”安妮看起来非常高兴。

“我们现在需要在安全地带等候，”乔治说，“天黑之后，我认为不应该留在树屋里。”当他弯腰脱下一只靴子时，他注意到了什么。

“安妮……”他慢慢地说，“你知道那些泥，就是我的靴子从厨房带出来的……”

“是啊。”她看着 Cosmos 空白的屏幕。

“它没了。”乔治说道。

“没了，什么意思？”安妮没抬头，问道。

“就是我靴子上的那些黏黏的东西，”乔治指点着，“烂泥，看起来像动的！现在没了！”

“哇！”安妮说，“如果它真是活的，它已经蠕动到彗星上去了！”

“我们告诉 Cosmos 正寻找生命的成分，还说那是为什么我们必须进入太空！可是正相反，我们已把生命放到太空去了，留在那里……”乔治慢慢地说。

“我们？”安妮转过身来，瞪着他。

“嗯，你是调查生命成分的人啊。”他回嘴道。

“是的，但站在一个大的活泥水坑里，穿过太空门户后才发觉的不是我啊，我只是发现那些东西爬出去，开始它们自己的群居生活了。”

作为回答，乔治的肚子发出很大声音，接着是一阵滑稽的咕噜和呻吟。

这些声音舒缓了紧张，两人都大笑起来。他们迅速把宇航服与头盔放在树屋里。

此时，Cosmos 已睡熟了，不能再听到他们所言或与之沟通。

“我们要做什么？”安妮安静地问乔治。

“我们需要通过望远镜看看能否找出 Ebot 走过的地方……找到跟踪的办法。”

“我们可能需要一个地方过夜。”安妮说。“乔治，我几乎吓死了。”她又补充道。

“我也是，”他承认着，“但我已经不再害怕了。当我想到如果世界上的一切都崩溃了，那会怎样时，我就很害怕。当我想到那情景时，真的很恐怖，但现在实际发生了……我们必须继续下去，这才

是主要的。”

“一旦我们搞清 Ebot 在哪里，你认为我们能用 Cosmos 去追踪它吗？”安妮问道。

“我认为不能，”乔治说，“Cosmos 太危险了。我们必须假设，无论是谁，那个弄乱地球上所有计算机系统的家伙，也进入了 Cosmos，使它行为古怪。而且，它也没电了，即使想用也不行……至少不能用那个 Cosmos！嗯，安妮跟我来！我有主意了……”

他还在说话，人就已经开始爬下绳梯了。他跳下最后几节梯子，站在坚实的地面上，穿过花园走到他家后门。

听到脚下尖利的碎物声，他对安妮低语道：“小心！窗户的碎玻璃。”

他们一起小心翼翼地绕路前行到乔治家的厨房，轻轻走过家人躲藏处的地板门。暂停了一瞬间，仅能听见他们的母亲在低声聊天。

乔治向安妮使劲地摇头，以保证她不出声。但她正悄然走过，像猫一样，凭感觉摸索着前进，乔治紧随其后。前门的门栓已被扯下，因此屋内还未全黑。借着仅能见的微光，他们好不容易找到滑板，拿起滑板出门了。

“这边，”乔治低声说，街道望出去一片空荡。“快！”

一年前，他们与滑板冠军文森特成为朋友，他不仅教他们基本动作，而且当他的电影导演父母回好莱坞时，他留下了两个滑板，那时乔治和安妮刚学会滑滑板。虽然永远不会像文森特滑得那么好，但现在都能快速、安全地滑。然而，他们从未尝试在几乎漆黑的晚上滑过，而此刻他们正站在乔治家门外，紧张地抱着滑板。

“我们去哪里？”安妮低声说。

“镇上你爸爸的数学系办公室，”乔治说，“你知道怎么进入，对吧？”

“嗯，”安妮说，“我可以开前门，但为什么去那儿呢？”

乔治说道：“我们要找老 Cosmos！你爸原来的那台电脑！第一台超级计算机。它就在那儿，在数学系的地下室，对吧？它是我们唯一的希望——如果它还能工作，就是它了。但我们必须去看看。现在，Ebot 有没有传来他所见到的？”

“哎呀！”安妮在裤子口袋里摸索，拿出遥控眼镜。她戴上并使用目光注视技术翻看屏幕。

“没有，”她说，“嗯，等等，那是什么？”

“什么？”乔治想知道 Ebot 是不是突然出现了。

“我看周围的一切都很清楚，”安妮说，“但世界都成了让人有点恶心的绿色。”

“这肯定是夜视镜！”乔治意识到，“你的眼镜肯定能夜视！”

“太好了！”安妮说，“就是说我可以走在前面。如果我继续向前，你能看到我吗？”

“如果我靠得足够近，我能看到你运动鞋上的反光镜。”乔治告诉她。

“那我们走吧，别浪费时间了。”

安妮走在乔治之前，但一直查看他是否跟随。沿着路中间走时，她透过夜视眼镜左右看看。路上没有车，但即使如此，她也没走直路。有好几次，她不得不走岔路，以避开前方的人群。幸运的是，有了眼镜，她能在任何人发现他们之前看到他们。夜视技术使周围的一切变成绿色，看上去有些可怕。她和乔治不想遇到那一类人。

骚乱依然暗流涌动；那些人还在街上寻找可以下手的东西，乔治和安妮不想成为那些人的目标。

当他们穿过古老大学城的中心，经过有巨大圆柱、拱门和庭院的大学，他们看到狐桥镇变化多大多快。就在较大的学院门外——有塔楼和彩色玻璃窗的，被草坪环绕的令人印象深刻的建筑物群，

一群人围着篝火；看起来像是在烧清空垃圾桶倒到人行道上的垃圾。

这回安妮弄清了，避开他们意味着要走很长的路，安妮觉得只需尽快过去。她尽快地滑着，冲过去，乔治紧随其后。

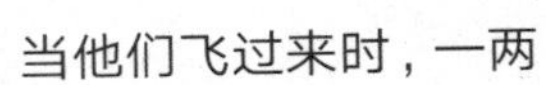

当他们飞过来时，一两个人听到滑板的声音，抬头看了看，但没拦截或跟随。他们沿着狭窄弯曲的街道，以优美的弧线飞驰而过。

“很容易！”乔治说，“没人对我们感兴趣！”但这话说得太早了。

当继续滑向埃里克的办公室时，他们就听到背后的声音，而且越来越近。正以最快的速度滑行，转身看并不容易，但乔治还是设法看到了……

“我们被跟踪了！”他对安妮喊着，也不在乎谁能听到了。

“谁跟着？”安妮的声音随风飘来。

“是一个机器人，”乔治大喊道，“就像月亮上的那样！它正赶上来了！”

机器人与他们仍有相当的距离，但正如在月球上一样，它步子大得好似要吞食地面。

“再快点儿！”

乔治和安妮滑得飞快，乃至周围的城镇变得模糊了。他们身后的机器人绊倒在鹅卵石上，其先进的技术似乎无法应付古老不平的街道。

当滑到数学系的门口时，乔治说，“它停下了！快，安妮快开门！”

“这真是太奇怪了！”她朝着门口喘着气，看到那栋建筑物已经黑了，而且空无一人。“我们搞错了吗？它们想抓我们而不是爸爸？”

乔治说：“不要东张西望，只需开门。”透过黑暗，他看到那邪恶的银色机器人站起来，再次向他们跑来。

安妮点点头，专注于数学系门口的对号锁——那小小的金属轮挂在古老的黄铜门板上。

乔治在脑子里发出沉默的尖叫。他不会冒险打扰安妮，她正集

中注意力开锁，但机器人几乎已经到了—— 他们靠在门上，绝对无处可去。

最后，她弄对了号码，那把锁——是机械的而非电子设备——打开了；那扇很大很古老的门开了。他们跑过去，叹了一口气，身后门砰地的一声关上。办公室里依然漆黑，现在机器人还在敲打着前门，他们还并非安全。

“老 Cosmos……”乔治低声说，“我们需要找到它。”

通过使用夜视眼镜，安妮他们穿过阴沉空间，直到通往那个保存着老 Cosmos 的地下室的门口。在这里他们停下来了。可是门被锁了。

他们听到楼上机器人在砸前门附近的窗户，听到玻璃碎的声音。

“我们怎么进去？”安妮低声说。门旁，入口板处闪着微光。

“入门号码是什么？”乔治问她。

“呃，我们必须猜……”她输入一串数字。

“是什么？”乔治试图控制住恐慌。他知道如果让安妮分心，就会毁了一切。

“我刚试过爸爸的生日，”她说，“但不是。我又试了妈妈的。现在……”

她轻轻放开，这一次，门开了，他们进入。

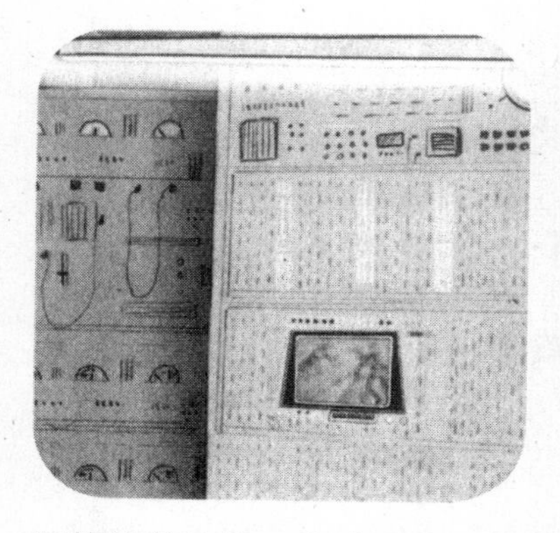

“是我的生日，”安妮说，她如释重负地几乎哭起来，“而且行了！”门在他们身后关闭，并发出满意的“嘟嘟”声。

机器人仍然可能将门打破，但至少他们已经赢得了一段时间。

地下室里，巨大的古老机器正等待着他们。它满是电路的塔和堆栈占据了地下室的大部分空间。看着那些，乔治想到如今的小而便携式的电脑真是奇迹。

“欢迎，安妮。”Cosmos 通过老式电脑纸说，这种电脑纸就是边缘有一系列冲孔的那种。这个 Cosmos 说话没有声音——它不得不在纸上打印出想说的话，“我很高兴再见到您。”

什么是计算机？

数学规律

宇宙的一个奇妙特征是，宇宙中的一切似乎都遵循数学规律——从行星到一道光或一个声波——所以我们可以通过数学运算来预测它能做什么。而计算机是将这个倒过来，我们设计并且组装根据某种数学算式来运算的部件。我们允许机器自然地运行，它执行数学运算，给我们答案。如果机器背后的理论、被建造的方式和我们的测量方法都足够准确，我们可以相信，最终的答案也是准确的。

如今，我们习惯于认为，如果计算机具有足够的内存和处理器能力，那么就可以对它编程而做几乎任何事情，程序本身只是更多的数据。不过，你今天使用的计算机是从最早的设计，经过长期发展而来……

极早期的模拟计算机

回到2世纪的希腊，有一个非常早期的计算机——安提基特拉机制——通过使用旋转的齿轮而来模拟太阳，月球和行星的循环行为。机器设计师以青铜轮比拟天空的天体，仔细安排复杂的机构，以便能够准确地反映出不同时间这些天体的排列位置。由于基于具体物理系统的类比，它是模拟计算机的一个例子。

计算尺——具有中心游标的标尺也是早期模拟计算机的一个例子。这种设备发明于17世纪，并被广泛使用至20世纪70年代，直到便携式电子计算器发明。计算尺是基于对数而建的。

但模拟计算机功能有很明显的局限。主要缺点是，一旦建成，模拟计算机只能以固定的精度解决一种类型的问题。不同的问题可能需要不同的数学运算，因此需要不同的比拟，不同的设计和不同的机器。

另一方面，人的计算方式不同，他或她从写下一组方程式开始，然后用数学规则逐步将方程转化为其他方程，这是你上学时学到的，你熟悉的解题过程，例如求解二次方程。

需要一种新的计算仪器的形式，以这种方式来解决问题。

什么是计算机？

蒸汽驱动的计算机！

随之而来的机械计算器——17 世纪的帕斯卡尔（Pascal）计算机在当时具有开创性。然后，1837 年，查理斯·巴贝奇设计了一个分析器，如果那时被制造出来，那将是第一个可编程的计算机——它将使用打孔卡片来运行程序和数据，仅使用机械部件就能像通用图灵机那样运行——尽管它也比现代计算机慢 1 亿倍！而它是由蒸汽驱动的……

从图灵机到第一台数字计算机

数字计算机是一种设计用于自动跟随算法的机器（正如人可能遵循算法，只是更快得多）。实际上，它将输入的整数（可能非常大）输出为另外的整数。

为什么是整数？

很容易将文本转换成数字，例如，在 ASCII 方案中，“A”由 65 表示，122 代表“Z”。对实际的数字，我们总希望将分数处理为一定数量的小数（或精度），例如 99.483 就是 0.99483 乘 100（或 10 x 10，数学上写为 10 的 2 次方）。因此数字电脑只需存储整数 99483 和数字 2，这告诉我们是 10 的次方（10 的次方）。

一个真正的计算机通常用二进制数字（位）工作，二进制数字（位）只能取值 0 或 1，任何数据、文本、图像、程序指令都可以用二进制符号的整数表示（编码），在计算机内存中就是一串长长的二进制数。

数字计算机的数学算法基于通用图灵机。数字计算机接受程序（特定图灵机的指令列表，它们可以编码为大的二进制数字形式）作为其输入的一部分，并用这个在其余输入上执行相同的作业。因此，我们今天理解的“计算机”是一台能够从事计算任何“图灵可计算的”东西的单机，如果输入正确的程序并给出足够的时间和内存来运行的话。

第一台机器是于 1941 年生产的 Z3，是由德国的康拉德·楚泽制造的。它使用继电器而非齿轮，因此它是机电的而非机械的，其输入采用打孔带子。很快地，美国的 ENIAC 于 1946 年生产出第一个电子通用的（图灵完备的）数字计算机。如果你看它的内部，那些电子元件不像如今上面布满芯片的版，它们是由灯泡大小的真空管组成。它的体积也是巨大的：2.4 米乘 0.9 米乘 30 米，整体要占用大约 1800 平方英尺（约 167 平方米）的地面面积！

1949 年，剑桥大学生产并开始使用 EDSAC 进行研究，那是另一种真空管的、电子的和图灵完备的计算机。在接下来的几十年中，电子产品体积开始缩小，从真空管到晶体管，然后到集成电路和微处理器，十分大量的电子元件被刻蚀到一片硅片上。

今日计算机

今天的计算机是能够读取和存储数据和指令的机器，按下几个键或者通过移动鼠标，滑动、捏住或触摸屏幕，就能自动完成我们想要的结果的一台机器。它比它的前辈要小得多。随着电子产品体积逐步缩小，越来越多的微小零件越来越紧密地集中在一起，计算机的速度极大增加了。

但与 20 世纪 30 年代时的图灵机不同的是，一台真正的计算机仍然是内存有限的，例如，它可能有 2GB 的 RAM（随机存取存储器）。它还必须以非常高的速度执行基本操作——每秒可能有 20，000，000，000 步或“浮点运算”（20 gflop / s）。

例如，当我们双击笔记本电脑上的图像文件时，查看的应用程序和图像文件都会从磁盘读入内存，然后处理器在图像数据上运行应用程序指令，将其解码为正确的颜色点发送至屏幕，以便我们能看到所要看的内容，而且要很快看到。

今天，一台典型的电脑也有永久性存储（硬盘），在关闭计算机后，文件不会丢失。一台电脑通常连接到其他计算机，而且还能登录到互联网。

现在许多家庭都有至少一台个人电脑，有人随身带平板电脑，或用智能手机上网。年年都有新技术出现，未来的电脑可能会跟今天有很大不同。

- 一个字节是一组 8 位，足以存储字母表中的任何字母。
- 一千兆字节为 1，073，741，824 字节。

==

乔治“在线安全指南”

为了安全，永远不要在聊天室或在线发布时提供个人信息。个人信息包括你的全名、电子邮件地址、电话号码和密码。如果一个应用程序或个人在线询问这些信息，请在你分享内容之前先让你的家长或你信任的成年人把关。

来自不了解或不信任的人的电子邮件、即时消息或打开的文件、图片或文本都可能会有问题——可能包含病毒或恶作剧。小心！

会见你只在线上聊过的朋友可能是危险的。只有取得父母或照顾你的人同意后才能去做，甚至只有当他们陪同你时才能去见面。记住，在线朋友仍是陌生人，即使你和他们已经聊了很长时间。

真实吗？

网上有人可能会说谎，他们是何许人你并不知情，互联网上的信息可能不是真的。你需要查验其他网站、书籍或了解有关主题。如果你喜欢在线聊天，最好只跟你真实世界的朋友和家人聊。

和家人一起去

与你的家长、照顾者或值得信赖的成年人分享你做的事，在线聊天。互联网不应该是秘密。与成年人在同一个房间使用你的电脑，让他们看看你的情况，那样的话，你们谈论任何问题都会更容易。

诉说你的担忧

告诉你的父母、照顾者或信任的成年人，如果有人或某事让你感到不舒服或担心，你或你所知道的人被网络上的用户欺负。

迄今为止，互联网是获得共享知识的最大来源——你可以通过它了解太空、技术和新思想等许多的知识。别忘了，玩得安全开心！

第十五章

老 Cosmos 的小巢干燥、温暖，甚至可以说是舒适——至少与头上世界正发生的事情相比。风扇在轻轻地旋转，这保持老 Cosmos 不会过热，空气流动让这里没有变成一个气味相当陈腐的地下室。老技术的老 Cosmos 使用的地热能源却是一种未来的能源。去年为了这种耗能大的机器运行，埃里克决定研究可再生能源作为替代。他还建议大学的不同部门应该使用单独的能源系统，这样某个地方失去能源才不会影响其他地方。在目前的情况下，老 Cosmos 直接从地心获得能量，它是这楼里唯一还能工作的机器。它那硬件上闪耀的明灯令人印象深刻，那是经历了外面灰绿色的黑暗之后的欢迎标记。

“Cosmos，世界已经疯了！电脑出现故障，现在街上有机器人！有没有人试图攻击你？”乔治问，“小 Cosmos 已被黑客入侵，我们认为是人或者组织干的怪事。”

“哈，哈哈哈，”老 Cosmos 说，“没人会来打扰我。他们认为我是废物了。攻击我就像攻击金字塔。”

“但你不是，对吧？”安妮亲切地说，“我的意思是一个废物或一座金字塔。”

“我是一个非凡的技术架构。”老 Cosmos 将它的话传到纸上，比以前更快速，“我可能没有现代的所有能力，但我仍然能执行非凡的计算特技。”

乔治充满希望地说：“比如把我们送到太空？”

“我已经被一位前用户修改了门户。”Cosmos 很有尊严地回答，并未否认那是原始功能之一。

安妮和乔治交换眼色，他们知道那意味着什么。去年，埃里克的老师，祖祖宾教授为了自己的目的秘密地使用老 Cosmos，其中包括试图在世界物理学家聚会时炸毁大型强子对撞机。祖祖宾想成为唯一留在世界的科学家，如此的话，他那些被埃里克长久以来就认为是完全虚假的理论将会被接受。他还试图用老 Cosmos 作为时间机器：他要回到从前去改变历史，改变他以前的科学预测，让自己看起来像天才般存在。但他无法改变历史进程；历史已被加密，防止这类宇宙盗取。那时所有科学家，安妮的父亲也在其中，都设法安全地离开了对撞机，继续工作。然而，祖祖宾留下的遗产却在当前的危机中证明是令人惊奇地有用的……

“祖祖宾肯定加了太空门。”安妮向乔治喃喃道。

“天哪，我从来没想过会对他表达谢意呢！”他回答，回想起那位看似温和的白发教授，结果却是被外表掩饰了。“危险”一词并不真正适用于祖祖宾……用“惑于精神错乱”、“渴求权力”和“挑战名望”等词汇总结也许更好。

“但我们想去哪里？我们不知道 Ebot 在哪里！”乔治问。

“Cosmos，”安妮说，“我们使用跟踪眼镜将一个机器人送到太空去了，用眼镜应该能看到它在哪里。我们什么都没看到，但是我

们希望很快会出现一些图像。你能连上吗，告诉我们需要去哪里。”

“容易，容易，”Cosmos 打出来字，“请将硬件设备连接到我的一个端口。”

“端口，端口，端口……”安妮迅速扫视巨大老 Cosmos 的面板，从口袋里拿出一根连接电缆线，“如果我是一个端口，该在哪儿呢？”

“在那儿！”乔治说，指着 Cosmos 屏幕正下面的一处。“把它插在那儿！”

安妮将眼镜接上电缆，再将另一端插入 Cosmos。它的屏幕变得灰灰的模糊一片，但后来很快亮了。

起初似乎只是随机的形状，模糊而无色，移动着，看不到什么。但 Cosmos 迅速使用缩放功能增加图像锐度，并改变了亮度，现在使它们变清晰了。

他们看着面前的场景，还是对看到的难以理解。角度在不断变化，他们仍然不知道在看什么。

“看！”乔治说，他眯着眼睛看屏幕。“在那边！那是同一种机器人——就像我们在月球上看到的那个，也是追赶我们的那个，或许是另一个，它们都一个样！”这时机器人短暂地出现在他们面前，似乎在做空翻！

“它们在太空！”安妮说，“这就是为什么看起来很奇怪。Ebot 是飘着的，它看起来像是在某类宇宙飞船中。Cosmos，你能找到它的位置吗？”

老 Cosmos 咕咕了几分钟。当它试图追踪信号的确切位置时，他们听到电路噼啪作响。

“老天！”安妮惊呼道，“看！不仅是一个机器人！”

通过 Ebot 的眼睛，现在他们正看到一条管状的走廊，墙上布满管道和电线。它周围浮动着一大堆机器人，类似于他们在月球上看到的那些，也就是在狐桥镇里那样的。当孩子们明白了 Ebot 处于低重力环境时，才意识到它被浮动的机器人包围了，并引导它朝一个方向走。

“哇！”安妮说，“就像 Ebot 周围有一队机器人警察！”

“它们是谁的呢？”乔治想知道，“哪个空间站会有这么多人？看起来像一支机器人军队。”

“Cosmos，这是哪里？”安妮问。没等一会儿，Cosmos 就打印出来了。

“你想知道它在哪里，还是移动多快？”在完成报告之前，Cosmos 需要进一步指导。

“我们想知道在哪里！”安妮说，“不在乎速度有多快。”

“当前你的类人机器人的位置是在围绕行星地球轨道上的一个空间站。”Cosmos 查到了。

“那不是国际空间站！”安妮说，她很熟悉国际空间站：每天国际空间站站长都在 Twitter 上更新和播放照片，她一直热切地跟踪站长的发布。

从老 Cosmos 打印出来的纸张汇聚在乔治脚下，他仔细看了

看，说："老 Cosmos 在这里说那是私人拥有的太空站，但几乎没有可用的信息。好像不存在似的……除非能看到它。"

"怎么可能？"安妮问。

"Cosmos 说可能已经被掩饰了，"乔治告诉她，"以防止被看到。并且它可能具有允许改变位置的量子特性。这就是为什么它从一个地方移到另一个地方，像月球，然后是彗星。"

"这就超古怪了，"安妮说，"Cosmos 是否认为它与地球上发生的事情有关？它知道地球上发生了什么吗？"

跟着安妮的问题，打印机疯狂地打印着。

"我当然知道！"Cosmos 写道，"请直接和我谈，与第三者谈论我是不礼貌的。"

"对不起，"安妮谦卑地说，"现在我们活在一个非常奇怪的世界里，似乎任何事情都有可能。"

"就在计算机时代的开始，"Cosmos 告诉她，"我们就指出，将所有一切都联网有危险性，这会导致一切都崩溃，这种可能性变得更容易了。"

"嗯，好像没人听这些劝告。"乔治说。

“Cosmos。”安妮直接指示给老 Cosmos。她注意到，它的怪脾气很像它迷你版的小 Cosmos，在被黑客侵入后变得圆滑、彬彬有礼得像过去的样子。

“你能把我们带到 Ebot 所在的宇宙飞船上的位置吗？不是他现在的确切位置，因为看起来那队机器人警察正护送他去某个地方，我们要去一个足够接近那里的地方，以确定到底发生了什么。”

“肯定没问题。”Cosmos 打字。

“你能也掩饰我们吗？让我们无形，当我们到达那艘宇宙飞船时，没人能看到我们。”

老 Cosmos 停顿了一下。

“我不能给你隐形斗篷。”老 Cosmos 在末尾还加了一个悲伤的表情符号。

“那个表情符太可爱了，”安妮喃喃道，“Cosmos，你为什么没声音呢？”她突然想到。

到目前为止，整个地下室都充满了 Cosmos 与他们沟通中用的纸张。

“因为没有人为我做一个声音，”它告诉她，“所以我是无声的。”

“啊，我现在要做个悲伤的表情了。”安妮确实觉得可能会哭出来。

“但我可以给你一个时间披风掩饰。”Cosmos 继续下去。

“什么时间披风？”她问。

“这意味着，如果有人设法查看我的网络活动，在你们离开大约

三分钟后，他们不会知道你们通过太空门户到太空旅行去了。所以我可以给你们三分钟的提前量。”

“那就这么做，”安妮果断地说，“对，让我们动起来。我们需要宇航服吗？”

乔治看起来有些疑虑。“很难说，”他回答，“但大多数太空站内有天气控制，在那里面没人穿太空服。”

“但那像一个奇怪的、不可见的太空站，”安妮解释道，“谁知道里面是什么呢？”

“如果是不可见的，”乔治说，“那我们现在怎么看得见它呢？”

Cosmos 解释说：“由于你的机器人正从航天站里以跟踪设备发送信号。如果它实际不在那里，我们永远也找不到它。”

“但我们从地球上看到了！”乔治说，“我设法拍了一张照片！”

Cosmos 继续说：“那是隐身斗篷的材料发生故障，飞船刚好在你拍照的某一瞬间可见。”

“所以这就是为什么爸爸对此毫不知情！”安妮说，“这就是为什么国际政府都不能找到它，不管谁在那船上！ Cosmos，准备好把我们从时间本身隐藏。”

Cosmos 进行了一些复杂的计算，然后是乔治和安妮都没有注意到，那被隐藏在 Cosmos 令人印象深刻的一大堆的线路和隔板中的太空门户，开始发光。

“记住，”乔治说，“我们需要打开门。它不像其他门户：我们必须实体地打开并迈步通过，上次在我们到达目的地之前，有一段类似的走廊。”

安妮说：“如果我们踩空，又没穿宇航服，就会掉落太空中吧？”

“然后同时会被冻住和煮沸；理论上说，我们的眼睛会从脑袋进出，同时血管会爆裂。”乔治帮腔说。

“谢谢，”安妮喃喃道，“你确定必须这样做吗？我们不需要宇航服？”

“很确定，”乔治说，“没有我们，埃里克永远不会找到那个空间站，我们可能是地球上唯一有机会找到 IAM 的，并且确定它们或他们是否与世界各地的动乱有关。”

“行，行，”安妮说，“看来又是只有你和我了。”

门的颜色越来越亮，如彩虹般，现在它看起来像一个点燃的圣诞树——昏暗的地下室里展现了美丽景象。

不用多说，他们彼此靠近。安妮伸出手，乔治戴着手套的手拉

住她的手——当安妮和老 Cosmos 说话时，他就把 Ebot 的黑色触觉手套从口袋里拿出，戴上，以便万一有用。

“我们应该戴眼镜吗？”安妮问。

“不需要，”Cosmos 打印出，“我需要眼镜跟踪信号，以便将你发送到正确的位置上。”

“你会让我们进入太空船，对吧？”安妮低声说，“别让我们飘浮在太空，外头。”

“与后来的仿制不同，”Cosmos 噼噼啪啪地打印着，“我永远不会犯错误。请向前走。门户已经准备好了。”

他们俩深吸了一口气，向前走去。乔治用另一只手拉开门。通过门口，他们仅能看到一大片多彩的光闪烁在绿、粉、橙色的云朵中。

“那边有什么？”安妮紧张地问。

乔治说：“只有去经历，才会发现。你还记得吗？老 Cosmos 不能向我们展示未来的事物，我们需要向前迈进，否则永远不会知道。”

“等等！”安妮说，她在 Cosmos 打印纸中撕下一小条，翻过面，又从口袋里找出铅笔。

“你在干什么？”乔治问。

“留一张纸条，”她告诉他，“以防万一。”

她让乔治看她的留言：去太空了，会很快回来。

“难道我们不该说去哪里吗？“乔治不解。

“你补充一些。”安妮说，把纸和铅笔交给乔治。乔治便写上：“如果早晨还未返回，请用老 Cosmos 拥有的坐标发起空间救援。”

“安妮和乔治。”

“好留言！”安妮说，“我认为这一切很清楚了。”

“那我们走吧。”乔治把字条贴在留言板上，站在安妮身边。

然后他们闭上眼睛，紧紧握着手，向前迈出一大步。他们都想知道是否只是走向虚空，进入太空那巨大和不可知的黑暗中。曾有一次，在世界崩溃之前，在一个主题公园里，他们坐的云霄飞车就像这样，看不到你所去的地方，只得相信乘坐的飞车能安全将你带到另一端。这次可不是一个游戏，不是乘坐云霄飞车，或一个主题公园。这一次是真的。

第十六章

但他们并未掉落太空。当意识到双脚触到坚实的某种东西时，他们睁开眼睛，看到最后一朵彩云从老 Cosmos 门户飘去，露出新的目的地。听到身后轻微的搭扣和旋转声，他们刚能看到门户关闭，门就消失了。与此同时，他们又都轻轻地离开了地面。

他们已经来到圆柱形走廊，Ebot 和伴随的机器人就出现在这里，但周围没有其他的人。无论对电脑系统或一堆机器人而言，他们是多么相似，如果绑架者已发现他实际并非伟大的科学家埃里克·贝利斯，那如何是好？这是否意味着他们已经进入敌对状态？在这个奇怪的看不见的宇宙飞船上，等待着他们的会是什么呢？

“我们飘浮了！”安妮飘向走廊弯曲的墙壁，她抓住一根管子。“我们在太空！但我呼吸还行，你呢？”

“嘘！”乔治说，“不知道有没有人在听。”

“我没看到任何人。”安妮四下看看，走下走廊。走廊一端有一扇门；另一端弯曲向前，看不到头。“我们走吧。”她走向门口。“离他们知道我们在这里只有三分钟。”

“为什么走这边？”乔治问道。

“只是预感……”

“好吧，我走你后面。”乔治在空中快速翻转，就像通过 Ebot 的眼睛所看到的机器人那样。他突然想到，“Cosmos 怎么知道何时打开门户，让我们回去？我们没有带任何通信设备。”

“而且 Cosmos 只能透过 Ebot 的眼睛来看！”安妮说，她也意识到现实严峻。“所以如果我们想回家，我们必须找到 Ebot。否则会被困在这里。在时间掩蔽失效之前，我们只有很少的时间了，一旦如此，机器人军队可能会知道我们在这里。”

“我希望他们有一些太空供应，”乔治叹了口气，现在他的肚子感觉很空，“我们有个计划吗？”

“是的，”安妮说，“不管谁干的所有那些事儿，让他们停止。”

“或者我们会……具体是什么？”乔治问。

“呃，不知道……我们一起边做边补充吧。”

“太好了，”乔治喃喃道，“那太好了。”

迄今为止，这是他们面临的最艰巨的任务。此前，他们面临着巨大的挑战，揭开了地球和太空中奇怪的神秘事件。但这次他们面临的未知有了巨大的飞跃，对如何回家，做什么，或者会发现什么，他们都不清楚。到目前为止，这是最可怕和奇异的冒险；此外他们不寻常地没有任何计划。乔治意识到正处于那样一种边缘，完全脱离文明和人类知识的边缘，全靠自己。这是一种非常奇怪的感觉。

“比在地球上混日子感觉无所事事还是好多了。”安妮坚定地说，她用墙上的管道推进着，走向顶端的那个门。她飘过去，抓住手柄稳定自己。门立刻打开，把她向后推去，另一侧肯定有什么倚靠着门，蹒跚地倒向她。

安妮设法不尖叫起来，无论那是什么，乔治向前倾身保护她。

一个东西以慢动作穿过门口，水平地浮动了一会儿。

“这是其中的一个机器人！”安妮说，“不！我们要做什么？”

她抓住乔治，他们一起飘着，无法决定去留，是面对他们的命运，还是快速逃跑。

乔治四下寻找逃生之路。“也许它还没有觉察到我们！”他低声说，“让我们快逃吧。”

但当他说话时，机器人也向上浮起。他们首次能看清它的脸。不像以前见过的那样，它的表情很开心。

“你好。”它对他们说。声音很温柔，一点不像他们预料的那样。

“呃，你好，”他们都紧张地说。这是 IAM 吗？ IAM 实际上是一个机器人吗？

在脑子里，乔治已经开始准备关于最糟糕情况的大义凛然的演讲。当他要遇见 IAM 时，他企图用很多的话语来给对方留下深刻的印象，中心思想是要说情况非常严重，而且直到他确信已经采取了适当的行动，否则他是不会离开宇宙飞船的。但是，现在遇到有着这样甜蜜的声音、友好的、微笑的机器人却是令人非常惊讶，他立刻忘记了演讲词。

“你叫什么名字？”机器人问。

“我是安妮，这是乔治。”安妮说。

“你们想成为我的朋友吗？”

“哇，”乔治说，“这真意想不到。”如果机器人威胁他和安妮，

或者试图逮捕甚至攻击他们，他都不会退缩。但要与他们交朋友？却是最奇怪的。

“呃……是的，那将很可爱。”乔治听出安妮的困惑。

“你叫什么名字？”乔治感觉自己就像小孩到校第一天试图交朋友，但他不知道该做什么。

现在机器人飘浮在正前方，他们能看到它的笑脸。

“我的名字，”它咕咕着，“是玻尔兹曼·布莱恩。我是一个自发的有知觉的头脑，能够复制无数次。”

“我以为是玻尔兹曼大脑呢。”安妮小声对乔治说。

“那是专利注册时拼写错误。”机器人平静地回答。乔治意识到它必有超音速听力，他和安妮谈话时必须非常小心。这个机器人显然试图与他们建立联系，乔治却本能地不愿信任它。

“不幸的是，一旦专利通过，就不可能改变了。”机器人继续说。

“唉，可怜的你！”安妮说，不知道还要说什么。

“我喜欢你的头发。”机器人告诉她。

“什么？”她下意识撩了下刘海儿。

玻尔兹曼大脑

粒子，粒子，无处不在……

地球上的每一种材料都由被称为原子的微小颗粒组成。这些原子通过交换称为光子的电磁辐射的微粒不断地彼此撞击，其中一些使我们感觉到热，其他的作为光被看到，而还有其他的故意通过无线电天线激励出来的用于通信。由太阳和来自宇宙更遥远的部分生成的光子和亚原子粒子——也不断地在太空中飞翔。所以地球、其他行星、恒星甚至太空都是微小颗粒旋转的一锅汤。科学家们必须考虑如此巨大数量的微观颗粒移动时，才能理解所有事物如何行为。

比饮用的一滴多！

地球上仅 1 升水就包含了约 30 亿亿亿个分子！但 1 升水看起来并不像一堆颗粒，它看起来是一种延绵连续的物质，这取决于温度和压力，它可以以固体、液体或气体的形式存在。添加足够的热量，水会沸腾并变成蒸汽；降到足够低的温度，会变成冰。我们可以轻松观察到水的正常行为。但是，为什么这 30 亿亿亿个分子的所有行为都是一样的？其中没有反叛分子吗？

19 世纪的奥地利物理学家路德维希·玻尔兹曼（Ludwig Boltzmann）提供了一个数学解释，说明了如此巨大数目的粒子实际上使得特定的行为模式成为压倒性的可能。虽然大量的粒子完全随机移动，每个粒子都做自己的事情，但它们最有可能产生一个平均的整体行为，其中个别分子可以不起作用。在 1 升水中，一小部分分子可以随机和短暂地偏离这个平均值，但是这部分必须足够大时才能产生可被注意到的变化，而这种偏离的概率非常低。

然而，如果水永远不受外部影响，那么最终会发生大的随机波动。例如，所有的分子都在短期内向同一个方向移动。这种概率非常非常非常之低，所以如果在水罐里放一点水，别期望看到它突然会跳出来。但是，如果你由它们自生自灭至无限时间，这种波动最终会发生，并且发生无限次数。

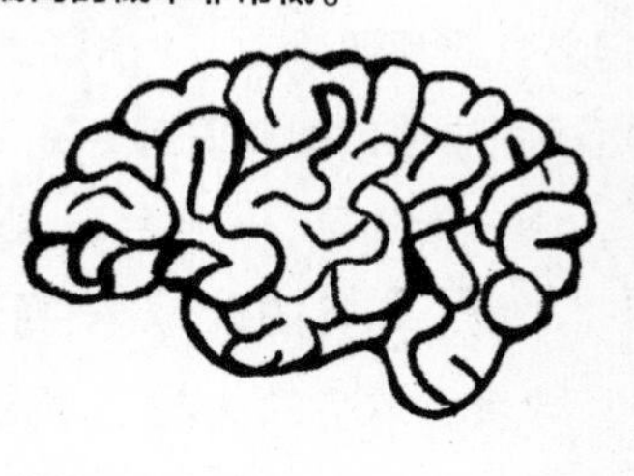

玻尔兹曼大脑

这对于宇宙意味着什么？

宇宙从 138 亿年前的大爆炸开始，正在以不断增长的速度扩张。

如果我们对宇宙应用以我们刚才所讲的水的相同原则，则可以看到宇宙将包含无数次的每一个可能的随机涨落。这意味着今日宇宙的完美拷贝——毕竟，这是一个非常好的粒子排列——最终会随机出现在其他某处的粒子汤中。

宇宙的副本显然会包含所有我们人类大脑的版本，以及他们所有的回忆！但是，随机创造所有这一切比仅形成一颗本身好用的大脑要困难得多；更可能的是，这些随机波动更可能产生附有完整的记忆的单一的大脑，这比全体人类和整个地球的拷贝更频繁得多。

因此，一个足够大的拥有非零温度并永久保留的粒子汤，可以随机地创建所有可能的大脑——玻尔兹曼大脑，拥有所有可能的记忆——无限多次。所以如果我们的宇宙永远存在，在太空中浮动的将是无限多的玻尔兹曼大脑——每个都有大脑的记忆，直至你认为你在读这段文字。

你确定你不是其中之一吗？

“而你看起来很智慧。”机器人对乔治说。

“呃，谢谢！”他说。他想知道这机器人是否预先编程，在飘浮的宇宙飞船上赞美随机遇到的人员？他沉思着。而创造这样一个奇怪的机器是为了什么呢？

“时间已经不多了，”安妮对乔治耳语，“我们差不多已经三分钟了。”

乔治很轻微地点头，因此她知道他已经听到了。

“玻尔兹曼……”他礼貌地说，“布莱恩？你刚刚说可以复制无限次？这是真的吗？”

机器人非常骄傲地说：“我特意被做成能简单地以用户友好的方式复制我的身体。还可以把我的具体信息发送到地球上的 3D 打印机，然后打印出自己的版本。”

“你能在任何想打印的地方打印吗？”乔治问道。

“在地球上的任何地方。”玻尔兹曼回答。

乔治感到恐慌，当他了解了这一切意味着什么时，他意识到这个机器人可以由这个地球上的三维打印机重新创建，这意味着任何人想在任何地方组建机器人军团都不需要制造或进口。只需给出正确的命令，而且地球上不管有多少台三维打印机，乔治怀疑其数量可能远远超过想象，那会产生忠于其创作者的机器人。乔治想象，这肯定是接管地球的最快方法，如果那里正处于混乱状态，甚至没人注意正发生什么，或试图阻止它，知道时已经太迟了。

如果所有的政府、军队和警察部队和安全部门的运输网络瘫痪、银行免费发钱、食品供应不足、飞机停飞、水坝和发电站爆炸，以及其他最近发生的灾难所牵制，人类没注意到机器人军队正在掌

控，该怎么办？即使是一支很好的机器人军队，不顾一切地恭维人……

乔治突然注意到说话时，机器人慢慢地，几乎不知不觉地，沿着走廊向后推他们。

“那么你们现在有几个人在这里？”安妮问。

“只一个，”玻尔兹曼·布莱恩说，“只有一个真正的玻尔兹曼·布莱恩。”

“但在这艘宇宙飞船上除了你还有更多的机器人吧？”乔治说。

“正确。”玻尔兹曼继续向后推着他们。“这艘船上有我的机器人身体的许多副本——整队的。但是它们都没大脑。即使你花很长时间替它们做个脑子，它们都不太可能有……我让你知道了秘密。”机器人自我满足地笑了。“我比其他人好多了。”

“地球上有更多的机器人吗？”乔治问。

“再次正确！”玻尔兹曼高兴地回答，“最近，地球上某些地方的 3D 打印机已经复制了更多的机器人。”

“你的意思是那些讨厌的机器人吗？”安妮问，“这些愤怒的机器人不断追逐我们？”

玻尔兹曼·布莱恩笑着说：“我受过特别教育，非常友好。但其他的……”

安妮和乔治不需要听完这句话就已经理解了。

说话间，报警器响了，另外两个面孔不善、钳子狠毒的机器人出现在安妮和乔治身后，紧紧抓住了他们。

“喔！”当机器人抓住安妮的手臂，把她拖到走廊的尽头时，她叫了起来。

另一个来势汹汹的像老虎钳一样的夹住乔治，他无法帮助她。像安妮一样，那个机器人夹着他也快速沿着走廊去了。

玻尔兹曼·布莱恩紧随其后，喃喃说道："但我是好机器人！"

有一会儿，乔治希望能只跟布莱恩待在一起，虽然友好地也有点恐怖，但还是比周围那些威胁的面孔好。乔治想，他们去哪里？到了那里会找到 Ebot 吗？

他和安妮看不到他们的目的地，因为他们正向后走，直到机器人突然放开他们，飘浮着进入了平生所见的最特别的房间。

他们就好像在一个球形、透明的玻璃泡中，飘浮在太空。周边的常规点，出口连着更多的走廊：这些管道自中央的房间弯曲地散向外圈，犹如自行车车轮的辐条。

3D 打印

什么是 3D 打印，它与 2D 打印有什么不同，为什么这么令人兴奋？

“三维”是什么意思？

“D”代表“维”，所以三维的东西具有以下维度：

1. 长度（一维）
2. 宽度（二维）
3. 高度（三维）

所以，一张纸上的照片是二维图像（在纸上是平的），你每天互动的物理对象（如自行车、晚餐和鼻子）都是“三维的”。

将一根香肠切片！

当我们说“打印”时，我们通常会想到的是二维打印（例如，使用连接到家里或学校或图书馆计算机上的打印机）。

2D 打印机通常使用特殊墨水在纸上制作 2D 图像。

使用电子文件描述整个二维图像，如数码相机或文字处理器的照片，然后电子地将其切成许多非常细的条纹。这个过程有时被称为萨拉米切片，因为它有点像一个厨师把萨拉米切成片！

依次对每个电子切片进行处理，并仔细地将彩色墨水喷射到匹配的纸张上，以产生该切片的精确图像。

然后向下移动并对下一个切片做相同的操作，然后再下一个，一个时间只有一个切片，直到最后在纸上构建整个图像。

艺术家和电影制作人员可以通过技巧使 2D 的对象呈现三维：比如图片中的透视图和电影中的三维特效。但这些都是光学幻觉，图像本身是 2D 的。因为它们只具有宽度（第一维度）和高度（第二维度）。

我的儿子更小的时候，会迷惑地看着打印机旋转，产生照片和信件。如果我们在互联网上买了东西（如玩具），他也会仔细观察，他会期待打印机能打印出我们刚买的东西，我想这对一个四岁的小孩来说是完全有意义的。有趣的是，对于某些类型的玩具，现在打印已接近能够实现了。

3D 打印

制作一个真正的 3D 物体

在 3D 打印中，所做的不仅仅是二维图像，而是真正的三维物体。这样做的机器称为 3D 打印机或添加制造机。

它像 2D 打印一样具有电子文件。然而，现在它是一种被称为 CAD 模型（“CAD”代表“计算机辅助设计”）的特殊类型的电子文件，文件描述了要打印 3D 的对象的每一个细节。

如果你在计算机屏幕上查看该物件的 CAD 模型，可以从外部看到它的图像，但也可以“飞过”，从中看它内部的任何一点。

3D 打印机将 CAD 模型做成电子切片，一个在另一个之上，每个切片可能约为 20 微米厚。

因为它们具有厚度（或长度）以及宽度和高度，所有切片都是 3D，但 3D 打印机将每个切片视为二维横截面，这些二维横截面精确地显示被打印的对象被仔细切过的样子。

3D 打印机打印每个切片，从最下面开始，就像打印机一样打印二维图像。但不是将墨水喷射到纸上，它会在每个切片中产生一个 20 微米厚的“物件”层的所有细节。

一块切片的材料干燥再硬化，然后 3D 打印机会标识（向上移动），并打印出下一个切片，作为另一个 20 微米厚的上一个图层。

该过程一直反复，直到 CAD 模型的所有切片都被打印在另一个之上，产生出真正的 3D 对象！

20 微米或 1/50 毫米——大约是你一根头发厚度的 25%！因此，一个 10 厘米（4 英寸）高的物体的 CAD 模型将被加工成约 5000 个电子切片！

有关 3D 打印机的事实

它所使用的最常见的材料是塑料，因为该材料容易以非常少量的液体喷出并且快速硬化成固体。它也是制作样机（诸如建筑物或汽车等的新模型）的理想选择。由于现代机器可以同时使用几种不同种类的塑料，可以打印出色彩，

3D 打印

样机可以非常逼真。这在 3D 打印机作业中仍然是最大的应用。

目前两种常用的三维打印机类型：

挤出机：材料是通过喷嘴的力量，有点类似用管道袋来冰蛋糕。当使用多种颜色的材料时，因其容易添加更多的喷嘴，这类机器特别好用。

床机：这些机器最常用于粉末金属。将粉末倒出完全填充一个切片，然后功率激光器将粉末状的金属熔合（熔化并加入）在切片中精确恰当的位置，形成固态形状。一旦模型完成，多余的粉末金属被刷掉。

在以后的几年中，科学家期望大家更加普遍地使用塑料机器，你可以下载模型和 3D 打印物品，例如自行车头盔或有趣的个性化玩具。想象一下，将自己打印成《星际迷途》或《哈利波特》里的人物！

工厂内的 3D 打印机使用金属和陶瓷等材料，例如打印较轻更结实的喷气式飞机零件，从而使飞机更加安全和节能。

医疗设备诸如新臂部和牙齿的植入物以及颅板（用于修复头部的孔）也可以被打印出来，这个过程能为安装它们的人特制。

未来的机器人？

今天的 3D 打印机仍然相当缓慢，只能在同一时间从几种不同的材料中制作出来，由于需要复杂的多种材料制成互联部件：金属部件、齿轮和电机、磁铁、电线、塑料、油、油脂、硅、金，甚至奇怪的东西，如钇和钨，所以目前还不可能打印出完整的机器人！

但 3D 打印机可以在一个完全自动化的工厂内轻松地为机器人制作零件。然后可以通过卸载机器人从 3D 打印机卸载零件，通过抛光机器人来抛光，然后由组装机器人组装……

机器人使用 3D 打印机（还有其他技术）来制造机器人？你将来会看到吗？

提姆

除此之外，房间完全透明。当他们低头时，他们看到的地板(或者是天花板，在太空中很难了解是哪个。)都是由同样的玻璃状材料制成的。

这是乔治曾见过的最惊人的东西。他吃惊得倒抽一口气。他梦想着太空跳伞潜水；现在，他意识到，他可能很接近了，他被悬挂在一个玻璃物件里，四面都能看到宇宙。

当乔治看出去，那儿不仅有太空的空旷，闪耀星光的黑暗天空吸引了他的注意，还有更为美丽的东西：一个像珠宝般的蓝绿色星球，披着薄薄的大气面纱。这是他们的家。

“这是地球！”乔治叹了一口气，他和安妮正在房间里飘流。他的喉咙感到一阵哽咽，他想他的感受难以向从未在太空飞行的人解释。当你离开地球，然后回头看，它看起来很脆弱，古老、神秘又迷人，它悬挂在黑色的太空之下，这使你想保护它，思乡之情也油然而生。既想永远留在太空，但也想快快回家，照顾那美丽的星球，那个悬在无垠的空中的令人勇气倍增的星球。

但乔治并未能长久地注视奇迹。愤怒的机器人将他们带到房间的中央，然后退到四周，在边上潜藏、沉默、无动于衷。

然后，一个人出现在另一处圆形出口。

“Ebot！”安妮喊道。Ebot 已不再穿埃里克的宇航服——仅穿着埃里克的标志性的斜纹呢夹克、裤子和色彩鲜艳的衬衫。

在这个奇怪的地方再见到 Ebot，乔治感到松了一大口气——他开始奇怪地情系机器人了。更重要的是，Ebot 是他们送上这个外星人飞船的。

“Ebot！”安妮向它大喊，“我们找到你了！”

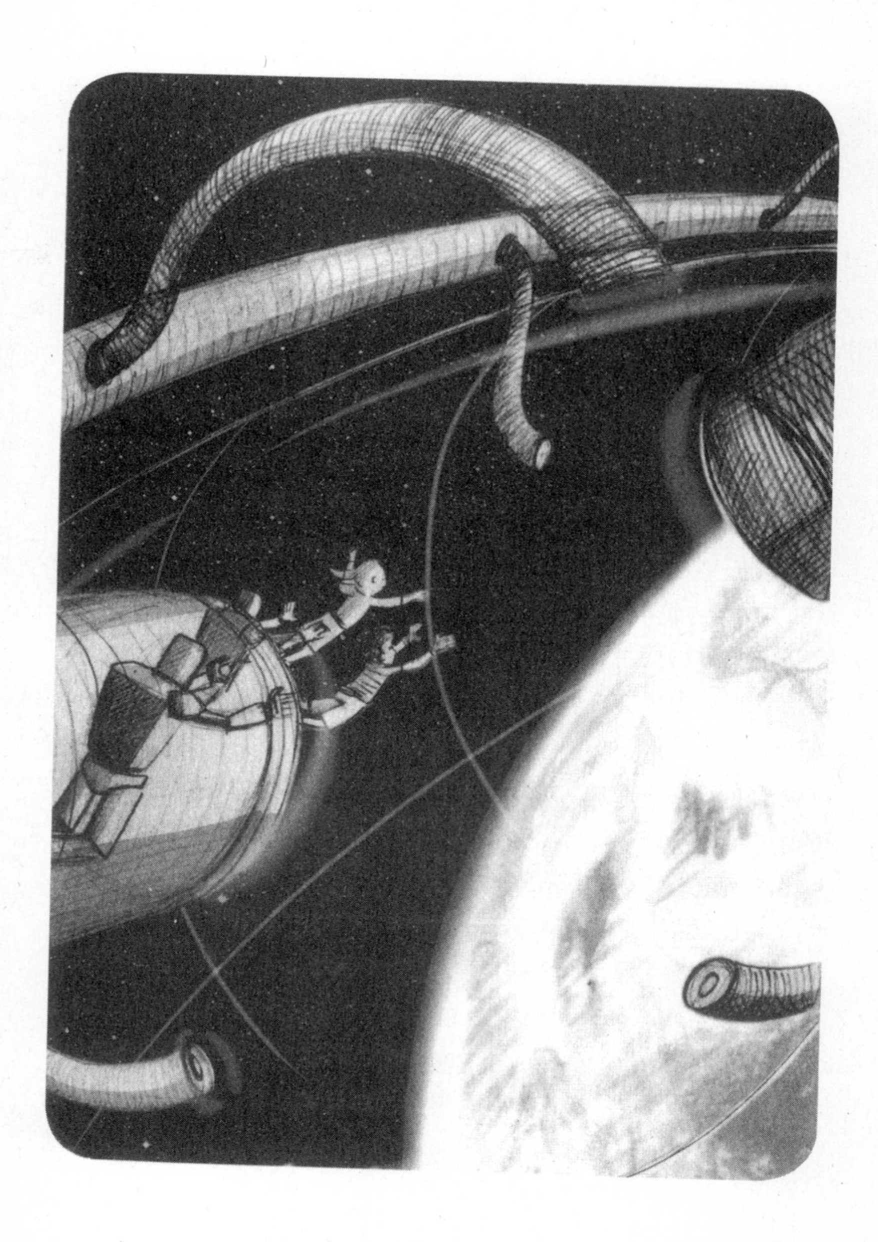

但 Ebot 似乎睡着了，它刚刚飘进房间，他们却看到不止它一个。一开始他们并未注意到它的同伴，但当他们注意到时，他们惊讶地张开了嘴。

一个特别的人穿着连裤衣，衣服上有木星行星般的条纹，在球形房间滚动着，衣服上的尾巴轻轻拍着，自顾自地咯咯笑着。他绕着安妮、乔治、他们的机器人，像颗小星球似的转着。两个小朋友相互支撑着，惊讶地瞪着。

“你好！”这个男人喊道，那确实是一个男人，他在他们面前停下来，以欢迎的姿态伸出手。“欢迎！我很高兴你能参加进来，使我快乐了一天！不，等等，不只是一天！是一周，一月，一年！我

很高兴你们在这儿。”他继续说，大笑起来。

乔治觉得自己稍微放松了。至少现在他们似乎是客人，而不是囚犯，他知道他喜欢什么。这个奇怪的男人是 IAM 吗？是他们在收音机上听到的声音吗？他的声音确实听起来相当熟悉。

“乔治和安妮，对吧？”他继续着，走得稍远些。“来自小圣玛丽里巷 23 号和 24 号，狐桥镇，福克斯布里奇。乔治比安妮大 106 天，安妮 AB + 血型，正在进行一个项目，那项目是确定生命的元素，安妮最近被儿童心理学家诊断为阅读障碍。她被送去看心理学家，因为她的成绩下降，她在班上排名下滑，输给了主要对手卡拉 · 皮尼诺。这对她而言是复杂的，她决心证明自己的智慧和有能力克服教育问题。”

这信息披露给了乔治，“你有阅读困难？”乔治惊讶地转向安妮，“你在学校做得不好吗？你告诉我，你去心理学家那里只是测量你的智商，他们说你可能是一个天才！”

突然间，他意识到为什么她一直努力做那个假期功课。她正试图重新成为班级尖子——乔治甚至不知道她不再是了。现在这一切看来都有缘由了：为什么她开始做这么多奇怪的实验，为什么她不能放弃寻找生命，即使情形迫使他们另辟蹊径。

“智商测验是评估阅读困难的一部分，”她非常有尊严地说，“我没有觉得我必须告诉你一切。”

“乔治，”那个主人继续道，“此人在信息上难以确定，这让我觉得他不如安妮那么多地使用技术。我知道他是电脑的粉丝，并不特别像人类，更倾向于机器。但是鉴于我还收集了他父母的情况——他们是臭名昭著的生态战士，他们在家中特别不喜欢电磁谱——他

可能只在学校使用电脑，坦白说，我才不会说完输入学校电脑的每一个简单的空洞的陈述呢。”

“你一直在读我们的私人信息！”安妮气急地说。

“嗯，不是，”那个神秘的穿连衣裤的家伙笑了一下，“那样我觉得问的有点太多了，你不觉得吗？我了解你是因为你有时会用Cosmos，我对Cosmos之类的电脑非常感兴趣。我只调查乔治，因为他是Cosmos的注册用户。”

“但你怎么能进入他的系统？”安妮皱着眉问，“这是不可能的！”

他们的新朋友笑了起来。“你说得对，”他坦白道，“地球上没有电脑可能会侵入Cosmos。”

“那你就做不到！”

“看看周围，亲爱的聪明的女孩，你的智商非常高，部分残缺，而那部分是你非常想对你的朋友和同龄人隐瞒的，”他低声说，“你能看出答案吗？你能拼七个字母的词吗？”

安妮脸红了。

“不要做得这么恐怖！”乔治愤怒地说。他讨厌看到安妮这样被嘲弄。

“我？恐怖？”那男人说着，嗖嗖地晃着连裤衣后面的尾巴，假笑着，“我不知道怎么恐怖！我充满了爱、善良和快乐。只是试图帮助你的朋友在这里解决问题。她不会得到答案的，我一直说女孩们不喜欢科学。”

“太空，”安妮对抗地说，乔治在心里欢呼起来，“你有一台太空电脑，”她顽强地继续说下去，乔治向她伸出两个大拇指。“地球上没有电脑可以侵入Cosmos，所以那肯定是太空中的电脑。”

“呵——”她挑衅地扬起下巴，“我要猜猜，那是量子。空间是五个字母，量子是七个字母，这就是答案。”

“你可以拼写吗？”男人甜美地说，“或者我来拼给你？”他摇着尾巴，写下不怎么好看的字体，“Quantum”这个词以红蓝绿的光呈现在明亮的泡泡表面上。

“现在，孩子们，”他暗示，“为了一个特别的奖品……谁能告诉我，量子计算机在哪里？”

第十七章

乔治环顾四周。除了人、Ebot、机器人、惊人的景观之外，房间里什么都没有。他看着“Quantum”一词在透明的球体上散开，他的脑中忽来灵感。

“这就是了，对吗？”他说，“这就是量子计算机……我们在计算机里！我不知道它如何工作，但我知道这就是它。”

“哦，太聪明了！”主人说，“你弄对了，其他人错误描述为量子飞跃，我将告诉你其余部分。嵌入这个房间晶体结构中的是构成量子计算机的数十亿个量子点。整个宇宙飞船都有量子，但在其他地方，它们是普通的非量子计算机粒子。这个房间很特别，因为这里有我的量子计算机。”

“但能源是什么？”有一会儿，乔治迷失在这辉煌的技术成就中。

“当然是太阳能发电了。宇宙飞船基础设施内的数百万点吸收太阳的功率。”

“嗯，我们知道你在用什么。”安妮说，听起来很不在乎。她尖锐的声音唤醒了乔治，并提醒他不是来这里赞叹技术和景观的。

“你真知道？”那个人飘浮到他们正上方。他们可以看到地球的蓝色、黄色、绿色和白色，在黑色的天空中被勾勒出，这个景观有

点儿被这个穿着木星条纹连衣裤的疯子给作践了。

他再次抽动尾巴，周围的玻璃球亮起微小的灯光。乔治和安妮觉得他们被暂时放在一群萤火虫中。“迄今为止，真是最特别的一周，”那男子告诉他们，“我不记得我什么时候度过如此美好的时光。谁会想到亲爱的老地球对我的小修改会如此快速地反应？那应该只是微小的调整，使它成为一个更好的地方。但是，哎呀——我想知道我是否调多了，只是稍稍多调了一点……”

两个孩子大惊，乔治感觉惊讶得不得了。

“让地球变得更美好？”安妮重复着，率先从惊讶中恢复过来，“这太不真实了！你究竟是谁？”

“猜猜！”穿连衣裤的人说，“你上次猜得很好。”

“你是 IAM。”乔治说。

“IAM 来救你了……。”现在安妮意识到这句话的意思了。

“哦，这么多令人愉快的可能性啊！”IAM 说，“你现在看出我是（I am）多聪明了吧。”

“是的，我们看出了，”乔治说，他希望通过周旋获得更多的信息，“但你看，我们没有那么聪明——至少没你聪明。我们想学聪明，如果只有你可以教我们……从这里开始吧，我们能知道你的名字吗？”

“我的名字，”IAM 回答说，对乔治的赞美显然感到很愉快，“是玉衡天璇。我，玉衡天璇——”

“等等，”安妮说，“那不是一个真正的名字。那是北斗星的两颗星！”

“正是！”玉衡天璇乌鸦似的叫着，“我不真的存在，那正是令人兴奋的部分。这就是为什么很难找到我。你可以搜索再搜索，却不会在任何地方找到我。甚至连提都没提到，……这是我们这个时代的真正奢侈——完全匿名。在这个信息时代几乎是不可能的。但我却设法做到了。”他说了一会儿，用手抚摸着尾巴，对自己非常满意。

“那很容易，”乔治说，“有无形的宇宙飞船和量子计算机呗。”

“那很容易吗？”天璇说，“其实并不容易，我必须先构建宇宙飞船和电脑。”

“你很富有吗？”安妮直言不讳地问。

“太富有了，”天璇随口说，“那才能这么有趣！”他在空中翻了几个筋斗，表达他的快乐和幸福。

乔治和安妮交换眼神，乔治想，他正在和一个成年人交谈，但与少年玉衡天璇相比，他自己却感觉像成年人，这似乎非常不可能。

“如果你那么富有，”安妮固执地说，“你为什么不去弄件更好点儿的连衣裤？这件真不酷。”

天璇转过头来，非常愤怒，所有的微笑和幽默瞬间都从脸上消失了。

“你怎么敢，可怕的小女孩！”他吵道，“你怎么敢——你微不足道的、可笑坏透了的小虫子，竟敢评论我，评论伟大的让人惊叹的我！你不知道，我在拯救世界！”

“你怎么拯救?”乔治插进来，急切地挡住这个易怒的可能是非常危险的人对他朋友的进一步攻击。

“地球，”此时听起来玉衡天璇很认真，“我们美丽的星球，陷入了可怕的邪恶:不平等，不快乐，囤积资源；巨大的财富，巨大的贫困。富人必须用武器、军队和守卫来警卫他们的土地、国家、财产，而穷人却在饿死。没人开心，没人玩乐。”

“那么你的计划是让人们有更多的乐趣？”安妮皱起眉头，“那是解决问题的办法吗？你是玩真的吗？”

“不，”天璇道，他刻薄地看了她一眼，“我本来以为你很清楚，我没有什么是‘真’的，假装聪明的愚蠢的小女孩。”

他转向乔治，笑了起来。显然，天璇已经决定喜欢这一个，讨厌另一个。“我的计划简单而精彩，让世界变得更美好……你说什么?”突然他似乎在对一个看不见的人说，“你能重复吗？……重复。我已经知道了，你什么意思，企鹅已经被灭绝了？”

“什么！”安妮喊道，“你不能灭绝企鹅！”

“太晚了，恐怕，”天璇说，“它们似乎已经死了。”

“你刚才在对谁说话?”乔治惊恐地说。在他看来，这个疯子立刻就更疯了。

“我的头是一个手机，”天璇告诉他，“我有一个植入的机器人，就在我大脑深处，这意味着我不需要用手机就可以与我的机械部队沟通。”

“你的军队在哪里?”安妮说，想到她妈妈和乔治的家人在地下室，突然感到非常害怕。“你只有机器人？还有其他人吗？”

“人！”天璇哼了一声，“你在开玩笑吗？我有自己的机器人军队，为什么我还需要人？我想你已经看过一两个。他们中的几个在狐桥镇。现在他们还很少，只布局在战略位置上，但很快他们将会很多。我只需要命令我在地球上的三维打印机网络，他们就会出现，仿佛通过魔法，准备好了掌控，使世界变得更美好！”

“我现在明白了，”乔治向安妮喃喃道，“我看到其中的关系了。”

“是什么，孩子?”天璇喊道，“说出来，所有人都能听到你的声音！”

“我明白了！”乔治大声说，“银行，那些白给的钱，超级市场，免费食品，打开水坝，停止军用飞机，切断可能伤害人的网络……你认为所有这些都是很好的事情！”

“聪明的男孩！它们是随意的善行，”天璇回答说，他兴奋地看到乔治终于明白了。“他们很穷，所以我给他们钱。他们饿了，所以我给了他们食物。他们口渴，所以我在沙漠里放上水。他们害怕，所以我停爆炸弹。”

“哇，”安妮低声说，“他认为自己是什么神啊。”

“穿连衣裤的神。”乔治说。

“但为什么？”安妮大声说，“我不明白你为什么要做这些事儿？为什么你不待在你的太空站里，远离地球，如果那些都是灾难呢？”

“因为他要比任何人都有权力，”乔治插话道，“他不怀善意，他弄乱了世界，因此他就可以插手，然后拯救。他的机器人可以接管世界，没有人能对抗他们——然后他从太空站上统治，因为他控制了地球上的所有电脑！”

“我被如此误解了！”天璇说，并摆出一副悲伤的面孔。“我以为你理解我呢，乔治，不像你那个文盲小朋友，我们必须为世界人民提供一些好东西，那么，一旦他们获得的已经超过想要的，他们就准备好迎接一个善良而富有同情且坚定的领导者。也许你还不够成熟，不能欣赏我计划的精巧。”

“这个伟大的领导人就是你，是吗？”乔治问。

“你对企鹅不是很同情！”安妮激动地说。

“好吧，那是一个意外……”天璇干咳了两声，“我不是真想发生那样的事。”

“等等……”乔治慢慢地说，“IAM 不是我们遇到的唯一的一组字母。还有 QED。就是我们在月球上时你的机器人追我们时想要说的。QED 是什么意思，为什么你的机器人要绑架埃里克？”

“我知道！”安妮宣称，“我现在知道它是什么意思。”

“你？”天璇冷笑道，“那是绝对令人兴奋吗？”

“不，”她喊道，“它代表量子误差检测！”

“是的！”乔治说，意识到他的朋友是对的。“量子误差检测！这就是埃里克在量子计算机上所做的，这就是为什么你想要抓他。”

“你不能解决，是吧？”安妮突然高兴地说，“就像爸爸说的那样——你可以做一个量子计算机，但你无法控制它。爸爸是地球上唯一能帮助你的人，所以你试图抓住他，让他为你控制量子计算机！”

天璇看起来很凶残。他双臂交叉。

安妮走近乔治，低声说道：“如果他抽动尾巴，就跑！”

乔治点了点头。他们需要逃跑，但他们跑到哪里去？突然间，他意识到更重要的事情……安妮肯定想量子计算机的控制位于天璇连裤衣的尾巴上——这就是为什么他抽动尾巴。“啊哈！”他想，“所以这就是我们需要掌控的。”

“也许，”天璇抗拒地说，“也许你有点道理，但又如何呢？你要做什么？无论怎样这是谁的宇宙飞船？”

“这不仅仅是量子计算机失去控制。”安妮喃喃道。

她的话突然写在球体弯曲的内表面那巨大的闪光的点上。红色、绿色和蓝色闪烁着“失控”。

“嗯，告诉我你真的想什么，为什么不呢？”天璇不高兴地说，他的话在空间黑暗的背景下潦草地写着。

“你的意思就是这么做吗？”乔治傻傻地问道，他的话在他周围滚动，就像写在烟花上，不过那是永久的烟花。

“不，”天璇说，“我没有。我没有命令这样做。把它关掉！”他喊道，“把它关掉！”他抓住尾巴，抽了几次。但没有什么区别。他的话不停地出现在非常优美的弯曲弧中。“为什么音频接收器自己变换了！”

“我真正想的是……”安妮说，不去理会他。说话时，她的话以

潦草的字迹绕着球体疯狂闪着、旋转着。“你根本不想帮助人。你只是假装那么做，因为在你那小坏脑袋中那样就意味着可以为接管世界辩解。如果你足够多次对自己说你在做正确的事，你就开始相信它。但是这还不能就是对的。因为我们知道真相——我们知道你真正想要的是成为唯一能够说发生了什么的人。你使用量子计算机来破解地球上的每个代码，以便可以进入所有不同的系统，读取所有信息，更改所有命令——进行大规模的网络恐怖袭击。你这样做，只有你知道一切，但我们不会让你跑掉。我知道你认为我很愚蠢，认为乔治只是一个怪人，但我们要阻止你。”她说完了。如果她不在浮动，她就会跺脚以示强调。

当她说完时，整个球体都因她的话而活了，闪烁着无限的迷宫和旋涡。乔治尊敬地看着——安妮的演讲比他早上准备对 IAM 的演讲好得多。而且她讲的已经完全清楚有力。他意识到她相当独特。

乔治不是唯一对安妮的演讲印象深刻的。当她在说话的时候，面相凶猛的机器人环顾四周，发光词语的万花筒效应令它们着迷。它们不再站立守卫，监视房间，警惕对领导的威胁，它们僵硬的姿态放松了，仅仅凝视着被照亮的表面。

突然一声巨响，乔治意识到，两个机器人因为听得太入迷而相互碰撞。其他的机器人脸上的表情似乎也因球形屏幕的多彩的光而变柔和了。

“机器人被催眠了！”安妮向乔治尖叫着，“看！它们已经恍惚！”

布莱恩从走廊上浮进来，在球形的房间里像机器小仙人般地跳舞。

“当我说现在，”乔治对安妮低语（他不再担心他的话在屏幕上显示——那里很多词句交叉，不可能读出一个短语。），“尽力抓住他的尾巴，拉住。你是对的——它可以控制量子计算机：我们需要剥离他的连裤衣。”

乔治在右手的触觉手套里运动着手指，很高兴看到 Ebot 活了过来。Ebot 环顾四周，发现自己悬在发光的玻璃地球上，而这个球飘浮在太空，它会惊讶是可以理解的。

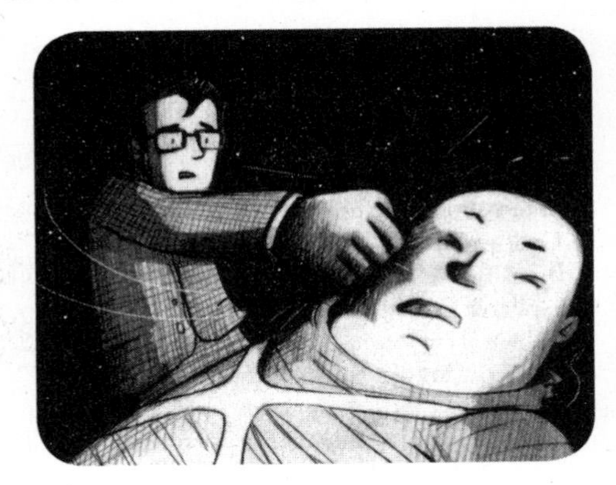

玉衡天璇注意到这个动作，正像乔治预料的那样，他快速冲向 Ebot，想看看在没有得到他的准许之前，它是如何设法醒来的。

当天璇仔细看人形机器人时，乔治把手抽回，再非常非常用力地打出去。瞬间，Ebot 即刻从远程手套接收到命令，模仿同样的动作，并一拳击在玉衡天璇的鼻子上。

天璇倒下，失去知觉，正如他所做的那样，安妮抓住他的尾巴，拖着它直到脱离了那薄薄的连衣裤。

乔治和安妮看着对方。他们渴望回家，但他们知道还不能离开，至少暂时要关闭量子计算机。但他们不知道怎样关闭！

安妮抓住 Ebot 的脸，凝视着他的眼睛，想吸引老 Cosmos 注意以便回到地球上。

“Cosmos！”她低声说，希望信息能够到达他那里。“帮助我们！我们需要你！快点儿来，Cosmos！”

第十八章

乔治和安妮焦急地等待着狐桥镇那台古董电脑的回应。周围，无脑的机器人被水晶球上的灯光吸引，正在跳舞翻跟头。

“多久了？”乔治对安妮嘀咕着。

“没多久，”她说，“看，他们的催眠状态正在消退！”

量子计算机开始对它的游戏感到无聊了。它在水晶球表面显示的彩色字变得越来越暗，随着这种情况，机器人开始从发呆状态苏醒。

“它们醒了。”安妮紧急地说。这一次她的话没有出现在屏幕上。

“但他还昏迷着呢。”乔治看着玉衡天璇，他正水平地飘浮在他们和地球的景观之间。“他才是真正的问题所在。”

“他没死，是吗？”安妮惊恐地说。她不喜欢他，但也不想让他死。

乔治回答：“没有，只是被 Ebot 打了一下。虽说他一会儿会醒来，他没有开关，可能无法控制量子计算机，但我敢打赌他仍然可以命令那些机器人。而且他的头戴手机，还不知道能做多大的破坏。”

“我们应该把他绑架带回家吗？”安妮从口袋里拿出玉衡天璇的

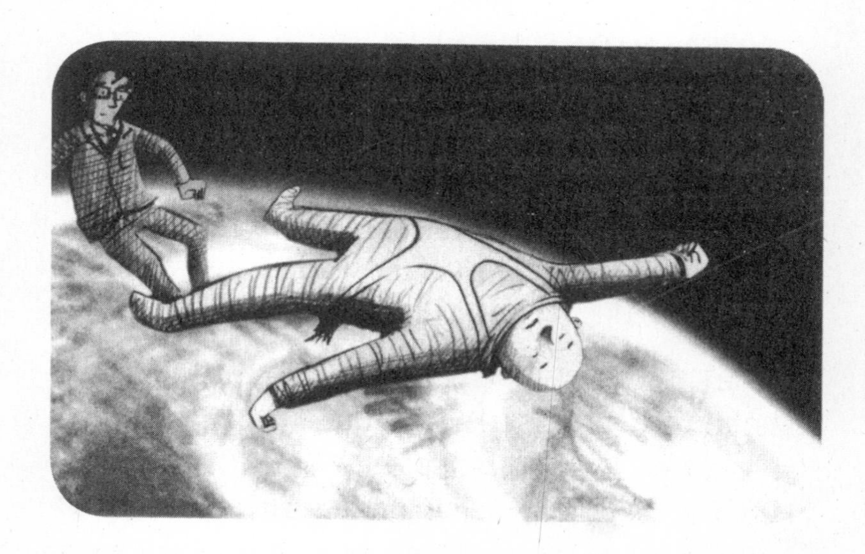

小尾巴来，按动隐秘的开关，看看能不能控制量子计算机，但似乎没起作用。

“不能！”乔治说，“我不想让他回到地球上！”

安妮一边再次按下了尾巴的开关，一边注视着 Ebot 的眼睛，“嗯，Cosmos……让我们离开这里！”

“不好了！看看地球！”乔治看到太空站的轨道正经过夜晚降临的区域，但那里只有极少数灯光。“地球绝大部分都是没电的！通常从未这么黑过。”他转向安妮，“你用那个控制器有进展吗？”

“我正在试！”安妮正在做各种运作，那扯下来的尾巴摆动在她的头上，伸展在两只手之间，试着与量子计算机沟通。“我不知道量子计算机如何工作。”她叫着。

乔治想知道，“我们能设法联系你爸爸吗？毕竟，Cosmos 可能

不知道——它可能太老了，我们可以打电话给埃里克？”

“我们怎么能打电话给他呢？”安妮问，“看起来这里唯一的一部手机安装在 IAM 的大脑里！”

“试试玻尔兹曼，”乔治说，“它毕竟是对用户非常友好的。也许有助于我们。”

“哦，玻尔兹曼——”安妮立刻将乔治的建议付诸行动，“你可以帮我吗？”

玻尔兹曼振作起来。“我喜欢帮忙！我是以帮助人的目的而创建的！我可以为你做什么？”

乔治解释说：“我们需要打电话给安妮的父亲。我们需要他的帮助。你可以替我们打电话吗，就像打普通电话那样？”

“我当然可以！”玻尔兹曼自豪地说，“你知道他的电话号码吗？”

安妮说出一串数字。

玻尔兹曼拨着机器人手掌中的键盘。他们听到了电话铃声，随后接通了埃里克那头的声音。

“你好吗？爸爸！”安妮快乐地叫起来。玻尔兹曼更是帮忙地伸出一只手，让她对着那儿讲。

听到埃里克的声音，乔治感到喉头一阵哽咽。周围，量子拱顶上的彩灯闪闪发光，然后形成红蓝绿色组成的埃里克的形象。

“爸爸！”安妮再次说，“我们能看到你！”

“安妮！”埃里克说，“你在哪儿？”

“我真的不知道，”她承认，“我们在地球的轨道上，虽然不太清楚已达到哪个部分。”

“你是什么意思，在轨道上？”埃里克的脸穿越量子计算机展现，显得很忧虑，现在量子计算机以这个巨大的圆形屏幕在运行。

“我们在宇宙飞船上，”乔治开始说话了，插了话进来，“我们发现了量子计算机！那个破坏了地球上的所有代码的计算机。”

“你发现了量子计算机？在太空？”

“在太空站，”乔治确认道，“属于一个叫玉衡天璇的人，尽管我们知道那不是他的真名。”

“玉衡天璇……”埃里克重复，似乎正侧过头去，同房间里的人说话，“查一下，伙计们。”

他转回孩子。“我们怎么不知道地球轨道上有一个流氓太空站？”他疑惑地问。

乔治说：“他把它隐藏起来，让它不可见。我们看到过它，只是

非常简短的，我拍土星照片，拍到了太空船。我们让你看过，记得吗？”

“哦，是的……哦，我后悔没能更认真对待！”埃里克说，“你们——”他转向身后看不见的那些人说，“用这传输追踪太空站的位置！安妮，乔治，我们要让你们离开那艘船！”

“爸爸，首先你要告诉我们怎么关闭量子计算机，”安妮紧急地说，“我们不能让它还开着就离开，现在连制造它的玉衡天璇也不能控制它。他一直在努力寻求你的帮助。这可能会导致可怕的事儿发生，比如核弹爆炸。”

“我要让你们两个孩子离开那里，”埃里克不听她的，“不要试图关闭电脑。我要你们现在就离开太空站。首先你怎么到达那里的？”

“我们通过老 Cosmos，”乔治说，“我们用 Ebot 做指路人来到这里。”

“那你们一定要沿同样的路径回去，”埃里克说，“召唤门户——立刻！我想你们的传输已使我们能锁定位置，然后我们可以瞄准太空站。”

“瞄准？”安妮问。

“是的。这就是为什么我需要你们离开。我们现在有一些电脑系统已经恢复了……我们说话时，他们已用导弹锁定了你们的位置。你们必须离开。他们要对太空站开火，所以你们必须离开，现在！”

“Cosmos！”乔治抓住 Ebot 的头，盯着他的眼睛，“我们需要门户！我们现在需要它。”

他说话时，埃里克的脸开始消失于屏幕上的量子点。“我正在失去你的信号！”现在他的声音变弱了。

“爸爸！”安妮大叫着扑向父亲形象曾出现的那片球体上，“别走！”

“离开太空船！”埃里克的话在四周回响着。

玻尔兹曼快速合上电话。连接已经中断。

“没关系，”安妮小声对乔治说，“我们只需要离开。爸爸已经找到飞船，他就可以处理它了。我们只需要离开这里。”

但是，就在他们能去任何地方之前，那个穿连裤衣的人醒来了。他像猫一样伸展，睁开眼睛，带着邪恶的笑容转动着头。玉衡天璇又重生了。而不仅是天璇，他的机器人部队似乎也完全恢复功能了。它们包围着两个小朋友和机器人 Ebot，再次来势汹汹。它们紧缩了包围圈，以使孩子们无处可逃。

天璇创建的助人机器人玻尔兹曼仍飘浮在圈外，喃喃道：“有人需要我的帮助吗？”

“我认为你已经做得足够了，”天璇说，“玻尔兹曼，我以后会毁了你。你是一个无用的故障机器。”

“不，我不是！”玻尔兹曼喊道，“我是一个有用的机器人！我是一个友好的机器人！我要帮助人类！”

“人类！”天璇吵道，“他们不值得帮助。反正现在还不值得。直到他们承认自己的方式是错误的，并请求我改善。”

“现在不友善了，”安妮嘲笑，“对吗？”

“TBH（老实讲），”天璇说，“或者 BHT，你可能会有这个想法，有阅读障碍的小朋友。我不在乎你的想法。你还给我电脑的控制器。然后我的机器人会把你从空间站扔出去，你会立即爆炸！”

乔治希望能够分散天璇的注意力，至少让他多说一些，好让 Cosmos 和 Ebot 创建门户，那是目前他们唯一的逃生希望。他说：“你打算把我怎么样？”

“哦，我留着你！”天璇说。“我很喜欢你。”乔治发抖了。“毕竟，你想生活在一个没有人的世界，一个机器人的世界。你就像我一样。”

天璇所言对乔治的打击如五雷轰顶，他真正感到恐怖了。为什么天璇默认为他像他？他想象不出其中的联系。

“我怎么了解你？”天璇微笑了一下，“当我能渗透到超级计算机之后，你用 Cosmos 时发的议论，你的话引起我的共鸣……我们是一样的：聪明，擅长技术，能够解决复杂的问题。我们都不喜欢人。在我的帮助和指导下，你能成为我的继承人。每个伟大的领导

者都需要人接过火炬……你将是我的，我的第二。你和我将统治世界。”

“不不不！”乔治尖叫起来，“我不像你！”

“你确定吗？”天璇狡猾地问，“如果我是你，就会同意我的意思。因为如果你不那样，我会把你和你的朋友都赶出宇宙飞船，你将和她遭遇一样的命运。”

“那么我跟你交易，”乔治说，他内心在渴望门户网站即将实现，“要么留下我们两个，要么把我们都丢出去。无论怎样，我们要在一起。”

“令人印象深刻！”天璇扬起眉毛，“我必须承认我没料到。我以为你既然这么喜欢技术，就会不想要其他周围的东西，包括人际互动。”

“我从来没有这样说过。”乔治反抗道。他想到他的爸妈——他们有时候很烦人，令人尴尬，但他一刻也不能没有他们。还有他的妹妹，她们总跟着他，让他烦，但那是因为崇拜他。如果要在机器和家人之间选择，他会选择家人朋友，而非技术，无论那技术多棒。

“真的吗？”天璇问。

“嗯，我可能会说，”乔治承认，“但我并不是那个意思。不是那样的，我并不是说我想住在太空站，与机器人为伍！”

“所以这事情是，”天璇说，“你正试图和你朋友在买一送一上与我做交易。我会留着你……我是没什么了不起。但你似乎不明白你也不占优势。规则不是你定的，这是我的宇宙飞船，我的机器人军队，我的量子计算机；它们完蛋时，我那儿的行星也差不多了。鉴于是我控制，事情就是这样的，要么你留下来帮助我，要么把你们

都抛入太空，你们肯定面临死亡。成交吗？还是不成交？”

当天璇说的时候，乔治注意到 Ebot 在动了，不像安妮、乔治和其他机器人那样往上浮着，它现在倒立着。

“不成。”他坚定地说。

“不成交？”天璇很惊讶，“为什么？你为什么要那样？你为什么不想和我在一起，破解地球上的每一个代码？你为什么不想成为赢家？”

“因为还存在一个你永远不能破解的代码，或者明白的代码。”乔治激动地说。门户还未出现。他想在几分钟之内，或者是来自地球的一枚导弹炸毁整艘船，或者他和安妮被扔进太空。无论怎样，他的最后时刻都到了。巨大的平静占据了他的心。

“那是友谊的密码，”乔治说，“在人之间——真正的人彼此相爱，彼此关心，站在一起，无论发生什么。你永远不会破解这个代码。你不能解密它，因为这对你没有意义。我不知道你还有什么，但我知道快乐的人不会像你这样行事。他们不会通过截取他人的秘密信息去贿赂去欺凌让人服从，然后称霸一方，伤害他们。你永远无法解密友谊。这是你不能破坏的代码，朋友。”

“是的！”安妮说，“朋友！这就是我们。乔治，你真棒。”她浮过来，拥抱他。“如果这是我们的最后一刻，至少我们在一起。”

当乔治回抱她时，他看到了某件东西。“向下看，我觉得 Ebot 终于来救我们了。”他低声说。

他意识到倒挂着的 Ebot 眼睛亮了。两束光开始勾勒出门户，而天璇和机器人部队并未注意到，他们仍然专注于这两个孩子。

“哦，看！”安妮大声说。“那边……”她尽力把那只老虎尾巴

扔了过去。当她扔出的时候，那些机器人和玉衡天璇都追随着尾巴，离开了 Ebot 和门户 。

当他们注意力转移时，安妮和乔治深深一跳，进入空间门户。当他们跳过时，安妮伸手回来抓住了 Ebot，拖着它和乔治一起跳过去：他们立即远离了注定会毁灭的太空站，再一次回归到 Cosmos 身边、地球和家里。

第十九章

从微重力到正常重力感觉很不舒服，但安妮和乔治不在乎。他们三人降落在老 Cosmos 地下室的地板上。

“别压着我！”安妮推开乔治和 Ebot。“呃！”她说，“太可怕了。”

乔治躺在她身旁。听着老 Cosmos 的打印声，然后是机械的嘀嘀嗒嗒声，他们仍然闭着眼睛，一页一页的纸打印出来。

乔治终于睁开眼睛了，他看到地板上那些打印出来的纸上密集的复杂数学，像报纸头条（散布着有趣或向上或向下偏离着的小数字），还有几个全部由字母画成的图形，其中的一个类似他们刚刚差点没逃脱的太空站。

当打印这些图片时，机器发出不同的声音，在大的空白区域快速扫描，然后停在图像的一个地方密集打印，之后又扫过空白，再做同样的事，再到下一行。

然而当乔治抬起头来，看着大量的纸涌出时，却看到了一个可怕的人。他站在那里，抓着他的尾巴，还有超级计算机刚打印出来的东西，那正是玉衡天璇，而非别人。他可怕地笑着。

乔治的心一沉，他抓住安妮的手，而她惊恐地睁大了眼睛。

他们以为已经摆脱了可怕的危险，同时从一个极度权欲的家伙

手里拯救了地球，哪知他们把致命敌人也带回来了。这令人震惊的失望。他们以为已经击败了他，看到站在这儿的天璇……比他们第一次遇到他时更可怕。是他们引导他来到老 Cosmos 的家，如果他控制了超级计算机，谁知道会造成什么破坏？本来完美的结局却变得特别糟糕了。

天璇好像既不害怕，也不焦虑。他似乎很放松。“纳米机器人单量子比特元素”，他对着打印件沉思，大声读着，“工作温度范围为 140 至 250 开尔文。安置空间条件需要一直保证低温的范围……哦，这就是为什么我在太空建造空间站，对吗？”天璇说，“嗯，知道这个真好！很高兴两个孩子和一个技术恐龙出现来告诉我这些。你们知道吗——”他开始对两个孩子说，而他们还躺在地板上，“这个 250 开尔文实际上是零下 23 摄氏度？”

孩子们躺在那儿，还僵着，他继续阅读：“哦，显然我建了一个纳米机器人太阳能阵列，以防止量子计算机过热。我是不是很聪明呀！看看这个，好可爱啊！你古老过时的朋友用编程 C 语言编写的程序来进行打印。这是什么……？”

老 Cosmos 开始再次打字。天璇读出：“当前时间：04:31:18，153 秒没有检测到恶意活动。”读到这里天璇惊呼：“噢，亲爱的！它是否试图告诉我，我的太空站已经被毁了？那显然很痛苦，但对我并非完结。作为一个正面积极的种类，我选择把它看作一个开始。”

“你怎么到这里来的？”乔治站起来，也把安妮拉起来。他不想让这讨厌的家伙再占上风。

“我跟着你们通过门户，”天璇说，“在你们后面刚好来得及跳进

George and the unbreakable code
Chapter 19

来，你们太急着逃跑，忘记看背后了！小孩子的错误，也可以说……太合适了。”

“如果你不再有量子计算机，你就完了。”安妮不让他占上风。她和乔治一起遇到过这么多的挑战——他们绝不会让这个疯子赢的。

“我可以重建它，”天璇边漫不经心地说，边掸连裤衣上的灰尘。“哇，这门户很老了。我不认为他们还会建这类东西！关闭很慢，我才能跟着你们跳进来，嘿，老祖父！”他踢着老 Cosmos，“与现时代完全无关的感觉如何啊？”

“不许踢 Cosmos ！”安妮愤怒地说。

天璇对她微笑，再次踢了它。

安妮冲过去，用拳头捶他的连裤衣。“我恨你！”她喊出来，“你

邪恶、粗鲁讨厌，而你希望每个人都像你那样，而不让他们选择自己实际想要的。”

天璇推开她，她倒在乔治的脚边。

“你别想为所欲为了，”乔治勇敢地说，挡在他朋友前。“埃里克知道我们在这里。”他希望这是真的。“他会派人来见我们。你跑不了！你除了欺负我们，什么都干不了！”

“真悲惨啊，”天璇说，“我希望你别重弹欺负人的老调！那仅仅是展示优势，而你们这些愚蠢的小孩子就觉得沮丧和挫折。”

“我想你说过乔治是你的继承人！”安妮站起来，反抗道。

“我错了……那不是我经常会说的。”他笑了起来，“我现在已经命令我的全球三维打印机网络开始复制机器人部队。如你所知，他们中的几个已在这个星球上。我已召唤他们了。他们离此不远。”

“你复制玻尔兹曼吗？”安妮问。

“我决定停止这个型号，”天璇告诉她，“他们极难成功，而当你成功时它却根本不可靠。我希望来拯救地球时，我本想友善些，但你们的负面解读使我改变了计划。我现在决定实行惩罚。你们不得不看到，我会将世界撕成碎片，正如你们所知道的，而且那都是你们的错。好玩儿吧？”他甩着尾巴好似在玩绳索游戏。“嗯，对我而言，反正都一样。”

巨大的冲击噪声在地下室外振响。两个小朋友都紧张地吞下口水。他们无奈地看着，门被无情地敲打，直到打破。有一阵，乔治希望会看到埃里克和他的同事科学家，但不是的。天璇的两个完全相同的机器人强行进入地下室。

乔治转身看 Ebot——这个经历绑架、太空站和门户而幸存下

来的机器人，仅仅头发稍有凌乱，此刻却似乎失去了力量，现在已无用地瘫在角落里。

优秀的古老机器，老 Cosmos 也没能明显地给予任何保护。无论如何，乔治意识到，要接触他们的老朋友，他们必须与天璇周旋。他们在所有的冒险中都能幸存下来，难道这次真的要落到一队邪恶的机器人军队和一个穿连裤衣想统治世界的疯狂独裁者的手中，成为他们的囚犯？难道这就是他们真正的全部结局吗？

再一次，乔治拉住安妮的手，双方紧紧相依，决心共同面对威胁。

当放弃了微乎其微的希望时，他们意识到机器人并没来抓他们。相反，他们正在抓玉衡天璇，它们的铁钳紧紧地抓住正挣扎着

的天璇。

“放开我，我命令你们！”他吼起来，“你们误解了我的命令……不是我，你们这些可怕的金属垃圾！是他们！”他试图用手指点，但双手已被紧紧地夹在背后。

当机器人抓着它们的前任领导人时，安妮和乔治再次听到 Cosmos 呼呼传来打印的纸声。

乔治跑到电脑前，撕下纸。

“他不是唯一知道如何破译代码，”他大声朗读，“或者拦截信息并改变内容的人。我太高兴了！”

乔治大笑起来，“安妮！”他高兴地说，“Cosmos 控制了机器人部队。正确吧，老伙计？”

Cosmos 闪烁着。“是的，”它回答说，“无论它们身在何处，我都会引导它们全力以赴。而这两个，我将用来抓住这个人，直到埃里克回来。”

“哇哇呜呜呜，Cosmos!”安妮惊呼着，她跑过来要拥抱它，然后她停下来，意识到这是不可能的。“你反败为胜！”

“下一次，”Cosmos 说，“记住，年老的有智慧，新奇的革新也会有智慧。”

“好的，”乔治说，“我们会那样的，你这奇妙的机器！”他转向仍然徒劳挣扎想要自由的天璇，“可以留在这里了，直到埃里克回来！我期望他会和你做量子误差检测！”

“你们要去哪里？”玉衡天璇好奇地问，“你不能让我和机器人在地下室里！这不公平。我没吃没喝，没事儿可做。这违反了《国际机器人活动公约》。我让我的律师找你！你会付出代价！”

电脑不能做什么？

在给定足够的时间和内存的情况下，所有已知的计算机设计（包括量子计算机设计）所能从事的计算并不比图灵机更先进。然而，图灵能够证明一些数学问题是不可计算的，也就是说，它们不能被图灵机解决，直到今天还没有任何已知的计算机能解决！图灵机自身示范的一个问题被称为停机问题。

停机问题

图灵机什么时候停？如果它只有一个状态（状态 0），那么只需要两个规则——机器读取 0 或 1，要执行什么动作。这些规则的多种方式会导致不同的结果，具体取决于如何设定 1 规则：

•0 规则表示离开 0 并向右移动，继续，直到找到输入数字 1，然后停机。机器停止并输出答案。

• 但是，图灵机可以发现自己处于无休止的循环中：选择“如果读取 1，写入 1 并向左移动”将使机器回到前一个 0，然后在下一个时钟点移回到 1（遵循 0 规则），然后永远重复这两个动作。

• 使图灵机永远不会停机也很容易。将 1 规则更改为“如果读取 1，写入 0 并向左移动”将导致机器返回到前一个 0，然后返回，但是这一次它看到 0，并持续到下一个 1。机器将所有 1 转变成 0，然后永远向右移动。

机器 H

艾伦 · 图灵自己提出一个问题：是否有一种算法，在输入任何图灵机的程序并加入某个额外的输入时，如果拥有这个输入的这台机器永远不会停机并不会输出答案，该算法是否将输出答案 0？

此刻假设存在这样一个算法，那么就会有一台图灵机去执行它。此外，还会有一台机器，它可以测试任何图灵机在输入自己的程序时会不会停止。让我们称它为机器 H，并对 H 要求：给 H 输入数据，当且只有当输入 H 的是一台图灵机的程序，该程序在使用自己的程序输入该图灵机不会停止时，H 才停止。

那么，如果我们将 H 自己的程序输入 H，会发生什么？

如果它停止，那么这是一台这样的图灵机：当使用自己的程序输入时，它会停止的一个例子，但是 H 并不是被设计为当输入自己的程序时停止的！

如果它不停止，那么 H 是这样的一台机器：当使用自己的程序输入时也不会停止，但这意味着 H 输入 H 程序时应该停止，因为它是专门用于检测这类机器的。

无论哪种情形，这都是矛盾的！这样一个荒谬的存在告诉数学家，他们假设是对的却是错的。因此构建想象的图灵机 H（不可能存在）非常聪明。它证明了不存在一台图灵机能够计算任何图灵机对任何输入是否会停止。而且如果这个问题不能由图灵机解决，那么在我们目前可以想象的任何一台计算机上都是不可计算的。

简而言之，任何一台计算机都无法解决这个问题！

无限数

可能的程序和图灵机的数量是无限的，但由于每个计算机程序都可以变成一个大的二进制数，所以数学家会将所有程序或机器的集合描述为可数无穷大，因为我们可以按照大小的顺序列出它们。

但是还有更大的无穷大，例如无穷小数的，这些被称为“实数”。存在其数位不能由计算机生成的实数。

例如，实数圆周率（你用它来计算一个圆的圆周，并且可约取为 3.142）可由计算机写到任意多个小数位。前几个是 3.1415926535，一台电脑已经算到了数万亿的小数位。然而，多数的实数不能这样生成：它们是基本不可计算的——一台电脑无法做到这一点！

电脑不能做什么？

未来

一些理论家猜测，将来会发现，依赖未知物理学的新型计算机，可以计算出多于图灵机可以计算的数据，人脑（原始“计算机”）甚至可能会变成其中之一。

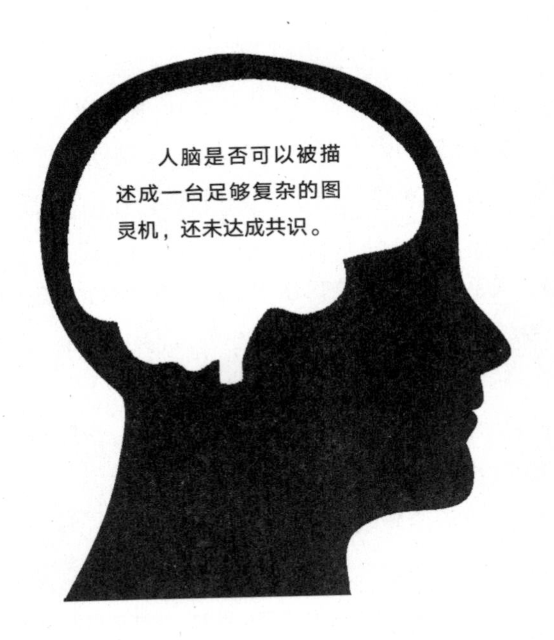

“真有意思，”安妮说，她和乔治转身离开房间。“现在他失败了，就说不公平。当他胜了，他才不在乎规则呢。”

“我们回家吧，安妮……”乔治拿起滑板走向楼梯，“我不知道你怎样，但我饿了！”

“等等！”安妮说，“我们必须和老 Cosmos 道别！”

“谢谢你，”乔治看着大电脑，微笑着说，“谢谢 Cosmos。你不仅救了我们，而且救了整个世界。”

Cosmos 说：“我的荣幸。”它的灯光似乎更亮了。“很高兴能派上用场。请务必告诉埃里克所有这一切，免得他不想再用我了。”

“我们不会让这种情况发生，”安妮答应说，“你现在是我们永远的朋友！”

外面，美丽的大学城安静的街道上，银色的黎明正在破晓，古建筑的石头墙面上映出初阳。两个小朋友滑过走道、拱门，人们还在打盹时，他们滑着，谈论着最想吃的早餐。

“烤饼，”乔治说，嘴里有了口水，“上面一大堆枫糖浆。”

“熏猪肉！”安妮说，“辣脆的熏肉！”

“熏猪肉？”乔治想着他的老猪弗雷迪。

“你不是非吃不可，”安妮对他说，“无论如何，家里不像真有吃的。”

乔治想起两座房子里那空荡荡的厨房。“哇，要全部恢复正常不容易。”他们边说边滑。

“我不知道现在怎样了……我的意思是，爸爸和其他人怎么向世界解释这个？”安妮想着，已经接近小圣玛丽巷了。

“什么意思？”

“他们不能只是说：‘哦，顺便说一下，地球上的人，我们被一个穿连裤衣的疯子袭击了，他假装让你们所有人都免费获得金钱和食物，但实际上是要统治世界。’”

“我不知道，”乔治深思道，“也许最好告诉大家真相？”

“也许。”安妮回答。

他们来到乔治家的前门，门仍然倒在地上，那些愤怒的暴民扯掉了它的门闩。但这条街却平静空荡：没有车，头上没有飞机，没有电话响，没有电视机的声音，没有小城迎来新的一天的通常喧嚣。

“哇，这太奇怪了！”安妮说，“你觉得这就是电脑发明前的生活吗？”

“我看就是这样，”乔治说，“但是，如果你爸爸和其他科学家正

努力恢复，那么它不会这样下去。在几小时内，都可以恢复正常。”

他们进了乔治的家。“谈到和平安宁……”乔治说，他们站在厨房里，低头看那扇地板门，能听到双胞胎快乐地唱歌，有人喃喃地说：“女孩们！真的很早！”

安妮笑了起来，她和乔治翻开门，在美丽的狐桥镇清晨的阳光中打开地下室。地板门打开时，赫拉和朱诺快速地走上楼梯，急于离开地下住所。

当他们再次进入厨房，安妮说：“让我们生活吧！”

宇宙中的生命

在这一章中，我想谈谈宇宙中生命的发展，特别是智能生命的发展。我会在此包括人类，尽管在整个历史中，它大部分行为相当愚蠢！

我们都知道，随着时间推移，事情变得更加无序和混乱。这种观察甚至有自己的定律，即所谓热力学第二定律。这项定律规定，宇宙中无序或熵的总量随时间而增加。然而，定律仅指无序总量。一个身体内的秩序可以增加，只是其周围的无序量增加更多。

这是一个生物中发生的事情。我们可以将生命定义为一个有序的体系，可以使自己抵抗无序的倾向，并且可以复制自身。也就是说，它可以制造类似但独立的有序系统。为了做这些事情，系统必须将某种有序形式——诸如食物、阳光或电力中的能量转换为无序的能量，以热的形式散发。以这种方式，系统就可以满足无序总量增加的要求，同时增加自身及其后代的有序。这听起来像是住在一个房子里的父母，每次他们有一个新的婴儿时，家里会变得更加乱七八糟！

像你或我一样的生物通常有两个要素：（一）一套告诉系统如何继续下去和如何复制自己的指令，（二）执行指令的机制。在生物学中，这两个部分被称为基因和新陈代谢。

我们通常认为的“生命”是基于碳原子链，还有几个其他原子，如氮或磷。当宇宙从大概 138 亿年前大爆炸开始的时候没有碳。它是如此的热，所有物质都处于称为质子和中子的粒子的形式。最初会有相等数量的质子和中子。然而，随着宇宙的膨胀，它冷却下来。大约在大爆炸后 1 分钟，温度会下降到约 10 亿度，是太阳温度的 100 倍。在这个温度下，中子开始衰变成更多的质子。

如果这就是发生的一切，宇宙中的所有物质都将最终成为最简单的元素氢，其核由单个质子构成。然而，一些中子与质子碰撞并粘在一起形成下一个最简单的元素，氦，其核由两个质子和两个中子组成。但是，在早期的宇宙中，不会形成更重的元素，如碳或氧。很难想象，只能用氢和氦来构建一个生命系统——无论如何，早期宇宙对于原子结合成分子来说还是太热了。

宇宙不断膨胀，变冷。但一些地区的密度略高于其他地区，而这些地区的额外物质的引力使膨胀速度放慢，最终停止了膨胀。相反，它们从大爆炸约 20 亿年后就坍缩形成星系和恒星。一些早期的恒星会比我们的太阳的质量更大；它们会比太阳更热，并将原来的氢和氦燃烧成较重的元素，如碳、氧和铁。这可能只花费了几亿年的时间。之后，有些恒星以超新星的形式爆炸，将重元素分散回太空，形成后代的恒星的原料。

我们自己的太阳系是在45亿年前形成的，也就是大爆炸后大约100亿年前，是由被早期恒星遗体污染的气体形成的。地球主要由较重的元素形成，包括碳和氧。不知何故，这些原子中的一些以DNA分子的形式排列。DNA具有著名的双螺旋形式，它在20世纪50年代被克里克和沃森在剑桥新博物馆的一个小屋里发现。连接螺旋中的两条链的是核酸对。有四种类型的核酸——腺嘌呤、胞嘧啶、鸟嘌呤和硫胺素。

我们不知道DNA分子如何首次出现。由于随机涨落引起的DNA分子的机会非常小，有些人认为生命从别处来到地球，例如，当行星仍然不稳定时，由从火星脱离的岩石携带生命到这里。而且星系中存在着在浮动的生命种子。然而，DNA似乎不可能长时间在太空辐射中存活。有化石证据表明，大约35亿年前在地球上存在某种形式的生命。约5亿年后，地球才变得稳定和足够冷却到生命得以发展。地球上早期出现的生命表明，在合适的条件下自发生成的机会很大。也许有一些更简单的组织形式组建DNA。一旦出现DNA，就会完全取代早期的形式。我们不知道这些早期的形式是什么，但有一种可能性是RNA。

RNA类似于DNA，但它更简单，没有双螺旋结构。短的RNA片段可以像DNA一样自我复制，最终也许可以形成DNA。我们不能在实验室中从非生命材料中制造核酸，更不用说RNA。但是，由于有5亿年的时间和覆盖大部分地球的海洋，偶然会有RNA被制造出来应该是有合理的机会。

随着DNA复制本身，就会出现随机错误，其中许多错误会是有害的，并且会被淘汰。有些会是中性的——它们不会影响基因的功能。有些错误会有利于物种的生存——这些都是按达尔文自然选择法则进行选择。

起初，生物进化过程很慢。从最早的细胞发展到多细胞动物需要25亿年的时间，还要用约10亿年通过鱼类和爬行动物进化成哺乳动物。但随后的进化似乎加快了。从早期哺乳动物发展到我们只需要大约1亿年的时间。原因是鱼包含大部分重要的人体和哺乳动物器官 。之后，从早期哺乳动物（如狐猴）向人类发展所需要的都是微调。

但随着人类的发展，进化到了关键阶段，其重要性与DNA的发展相当。

宇宙中的生命

这是语言的发展，特别是书面语言。这意味着信息可以代代相传，而不是通过DNA 遗传。在 1 万年间有记载的历史上，人类 DNA 的生物进化已经有了一些可检测的变化，但代代相传的知识量却极大增加。我已经写了一些书籍来告诉你，我在作为科学家的漫长职业生涯中，关于宇宙所得知的东西，在这样做的时候，我把知识从我的大脑转移到了页面上，这样你就可以阅读它了。

人类的 DNA 中含有约 30 亿个核苷酸。然而，在这个序列中编码的大部分信息是冗余的，或者是非活动的。因此，我们的基因中有用信息的总量大约 1 亿比特。1 比特信息是对 / 否问题的答案。相比之下，一部小说可能包含 200 万比特信息。所以一个人的基因有用信息总量相当于约 50 本《哈利波特》，一个主要的国家图书馆可以容纳约 500 万册书籍，约 10 万亿比特。所以通过书或互联网传递的信息量是 DNA 的数十万倍！

这意味着我们进入了一个新的进化阶段。起初，进化是通过自然选择——随机变异进行的。这个达尔文阶段持续了大约 35 亿年，产生了我们这个开发语言来交流信息的生物。但在过去 1 万年左右的时间里，我们已经处于可被称为外部传播的阶段。在这阶段，信息传递给后代 DNA 的内部记录有所变化。但外部记录——书籍和其他持久的存储形式——已经极大增长。

有些人将“进化”这个术语仅用于内部传播的遗传物质，并且会反对将其用于外部传递下去的信息。但我觉得这观点太狭隘了。我们不仅仅是我们的基因。我们可能没有比我们的穴居人祖先更强壮或与生俱来的更聪明。但是，与他们不同的是，我们在过去 1 万年，特别是过去 300 年来积累知识。我认为采取更广泛的观点是合适的，将外部传播的信息以及 DNA 信息都包括在人类的进化中。

但是我们仍然有本能，特别是我们在穴居人的日子里的攻击的冲动，以征服或杀害他人和抢夺食品的形式的攻击性，到现在为止，人类已经有了明确的生存优势。但是，现在它可能会消灭整个人类，以及地球上剩下的大部分生命。核战争仍然是最直接的危险，但还有其他一些战争，比如释放基因工程病毒，或温室效应变得不稳定。

没有时间等待达尔文进化让我们更智慧，以及更好的天性！但是，我们正在进入一个可能被称为自我设计进化的新阶段，我们将能够改变和改进我们的DNA。我们现在已经绘制了 DNA，这意味着我们已经读过“生命之书”，所以我们可以开始修改。起初，这些变化将仅限于修复基因缺陷，如囊性纤维化和肌肉萎缩症，它们由单一基因控制，因此相当容易识别并纠正。智力等其他品质，也可能受到大量基因的控制，找到它们并且解决它们之间的关系要困难得多。不过，我相信，在下个世纪，人们会发现如何修改智力和本能，如侵略性。

如果人类设法重新设计自身，为了减少或消除自毁的风险，则可能会扩散和殖民其他行星和恒星。然而，长距离空间旅行对于像我们这样基于 DNA 的生命形式，将是困难的。与旅行时间相比，这种生命的自然生命很短。根据相对论，没有什么比光线更快，所以到最近的恒星的往返将至少需要 8 年，到星系的中心约 10 万年。在科幻小说中，他们通过空间扭曲，或者通过额外的维度来旅行，以克服这个困难。但我认为这些将永远是不可能的，无论生命将变得如何智慧。在相对论中，如果人们能够旅行得比光快，他就还能在时间中旅行回去，这会导致人们返回并改变过去的问题。人们也会如预料那样看到大量来自未来的游客，好奇地看着我们古朴的生活方式！

人类可能使用遗传工程来使基于 DNA 的生命无限期地存活，或至少十几万年。但是，一个更容易的方法，几乎在我们的能力范围内，就是发送机器进行可被设计得能持续足够长的星际旅行。当他们到达一个新的恒星时，他们可以降落在一个合适的行星并开采材料，生产更多的机器，以发送到更多的恒星去。这些机器将是基于机械和电子部件而不是大分子的新形式的生命。他们最终可以取代基于 DNA 的生命，就像 DNA 可能已经取代早期的生命方式一样。

当我们探索银河系时，我们将遇到一些外星人生命形式的机会是什么？如果关于地球上生命出现的时间尺度的论证是正确的，应该有许多其他恒星，其行星上面有生命。这些恒星系中的一些可能在地球之前 50 亿年形成，但是为什么星系没有充满自我设计的机械或生物生命形式？为什么地球没有被访问过，甚至被殖民过？顺便说一下，我不全相信不明飞行物包含外层空间来的生命的建议，因为我认为外星人的任何访问都会更加明显，也可能更令人不快得多。

那么为什么地球还没有被访问过？也许生命自发出现的概率太低了，地球是银河系中唯一有生命的星球，或者可观测宇宙中的唯一能出现生命的行星。另一种可能性是存在形成自我复制系统（如细胞）的合理概率，但大多数这些生命形式并没有发展智力。我们习惯于把智慧生活当作进化的必然结果，但是

宇宙中的生命

如果不是这样呢？进化是否更有可能是一个随机过程，智力只是大量可能的结果之一？

我们甚至也不清楚，智慧是否有任何长期生存价值。如果地球上所有其他生命被我们的行动所消灭，细菌和其他单细胞生物可能还会生存下去。也许当初地球上的生命不太可能发展智慧，从进化的时间顺序来说，从单细胞到多细胞生物需要很长一段时间（25 亿年）——这是智慧的必要先兆，这是太阳发生爆炸之前总时间的很大一部分。所以这与生命发展智慧的概率很低的假设是一致的。在这种情况下，我们可能会期望在银河系中找到许多其他生命形式，但是我们不太可能找到智慧的生命。

生命无法发展到智慧阶段的另一种方式是，如果小行星或彗星与地球相撞。这种碰撞发生的频率很难说，但是合理的猜测平均可能是每两千万年一次。如果这个数字是正确的，这意味着地球上发展出智慧生命只是因为幸运，在过去的 6700 万年里没有发生重大的碰撞。发展了生命的银河系中的其他行星可能没有足够长的无碰撞时期来演化智慧生物。

第三种可能性是，存在生命有可能形成并发展成为智慧生物的合理概率，但系统变得不稳定，智慧生命毁灭了自身。这将是一个非常悲观的结论，我非常希望这不是真的。

我更喜欢第四种可能性：那里有其他形式的智慧生命，但是我们还没有能够接触或接收任何信号。早已存在一个名为“SETI”的项目——寻找外星智慧——扫描射电频率，看我们能否收取来自外星文明的信号。但是我们必须十分小心，直到我们更进步一些之前，不要回应！在本阶段遭遇更先进的文明，也许有点像美洲的原住民遇到哥伦布——而我想原住民不会认为此种境况更佳！

史蒂芬·霍金

感谢

就像《乔治的宇宙》系列中的其他书一样,《不可破解的密码》得以实现是因为科学家们和技术专家们乐意并以巨大的热情解释他们的研究。我愿意感谢我们杰出的贡献者们，在他们卓越而有趣的写作中，他们提取研究的择要，涉及前沿或者甚至简直莫名其妙的内容，使年轻的以及不那么年轻的读者接受。他们是：麦克·J. 里斯教授、彼得 · W. 麦克欧文教授、雷蒙 · 拉菲拉姆博士、提姆 · 布莱斯提吉博士、斯图尔特·兰金博士、托比·博兰契博士，当然还有史蒂芬 · 霍金教授。

我特别要感谢斯图尔特·兰金博士，他长期对《乔治的宇宙》系列的协助和贡献，这包括他撰写有关计算的信息量极大的文字方框，以及他对全书的建议和大量贡献。我还要感谢托比 · 博兰契博士，他将化学元素引进这一套书里，以及撰写安妮的半学期化学项目，还有更多的可以在线读到。在线天文学会的阿拉斯泰尔 · 雷斯为本书的天文元素提供了非常有助的建议，而 IT 专家丹恩· 曼舍写了如何在线安全的建议。

我要感谢读过《不可破解的密码》初稿并给出有益评论的年轻读者。他们是：玛丽娜 · 麦克雷迪、杰米 · 罗斯、弗朗切斯科 · 伯恩

和罗拉和阿米莉·迈尔。

盖瑞·帕森斯将富有魅力和魄力的视觉形象赋予人物和故事。我如此地感激盖瑞，他太空中的量子计算机的绘画精妙无比！

兰登书屋童书出版家和乔治一道经历了宇宙探险——他们制作了极为美丽的书籍。我与鲁斯·诺尔斯以及苏·库克编辑一道工作非常快乐，而安妮·易顿和她团队的其他成员给了我们很时髦的探索宇宙的机会。

我想感谢 Janklow 和 Nesbit 公司的经纪人克莱尔·彼德森和吕蓓卡·卡特，她们慷慨勤奋地制作这一系列，以及克斯蒂·戈登如此完美地管理这么复杂的项目。

最重要的是，我要感谢我们所有的读者，他们对展望新的故事倍感兴趣和激动。原先这一系列只计划出三部，而现在有更多的。感谢你们和我们一道旅行——宇宙是一个巨大的地方，还有这么多有待发现。以我这么棒的合作者和父亲的话说——请保持好奇心！

露西·霍金

图书在版编目（CIP）数据

乔治的宇宙．不可破解的密码 /（英）露西·霍金，（英）史蒂芬·霍金著；杜欣欣译．—长沙：湖南科学技术出版社，2019.5（2024.11重印）
ISBN 978-7-5710-0186-5
Ⅰ．①乔… Ⅱ．①露… ②史… ③杜… Ⅲ．①宇宙－普及读物 Ⅳ．① P159-49
中国版本图书馆 CIP 数据核字（2019）第 085916 号

QIAOZHI DE YUZHOU BUKE POJIE DE MIMA
乔治的宇宙 不可破解的密码

作者
［英］露西·霍金
［英］史蒂芬·霍金
插图
［英］加里·帕森斯
译者
杜欣欣
责任编辑
孙桂均 李媛 吴炜 李蓓 杨波
装帧设计
邵年，XYZ Lab
出版发行
湖南科学技术出版社
社址
长沙市芙蓉中路一段416号
泊富国际金融中心
www.hnstp.com
湖南科学技术出版社
天猫旗舰店网址：
http://hnkjcbs.tmall.com
邮购联系
本社直销科 0731-84375808
印刷
长沙超峰印刷有限公司
（印装质量问题请直接与本厂联系）
厂址
宁乡市金州新区泉洲北路 100 号
版次
2019 年 5 月第 1 版
印次
2024 年 11 月第 4 次印刷
开本
880mm × 1230mm 1/32
印张
8.25
字数
126000
书号
ISBN 978-7-5710-0186-5
定价
48.00 元